生命
LIFE

芮賢海　著

美商EHGBooks微出版公司
www.EHGBooks.com

EHG Books 公司出版
Amazon.com 總經銷
2019 年版權美國登記
未經授權不許翻印全文或部分
及翻譯為其他語言或文字
2019 年 EHGBooks 第一版

ISBN-13：978-1-62503-495-3

目錄

自序

　　筆者為什麼要寫這本書呢？是看到普世教會的混亂，互相攻擊，異端邪道氾濫。是應驗主再來前的兆頭，主耶穌告訴我們：那時，若有人對你們說：‘基督在這裡，’或說：‘基督在那裡，’你們不要信。因為假基督、假先知，將要起來，顯大神跡、大奇事。倘若能行，連選民也就迷惑了。看哪！我預先告訴你們了。若有人對你們說：‘看哪！基督在曠野裡，’你們不要出去；或說：‘看哪！基督在內屋中，’你們不要信。太二十四 23－26。

　　這段聖經就是主再來前，教會所處的光景，普世宗派衍生，教堂林立，不管那個教派，都宣稱自己是信仰，不是宗教。都宣稱，如果這個教會沒有主耶穌的同在，這就不是教會！都認為主耶穌基督在他們的教會，大宗派如此，小教堂裡面的人也這樣說。既是如此，那基督在大宗派裡？還是在小教堂裡？基督在曠野呢？還是在內屋裡？不但如此，對於某些經文與他們不是一樣理解的教會，就會大肆攻擊，甚至給貼上異端或者邪道的標籤。一邊大力宣揚傳福音，一邊盡其所能相互攻擊！

　　福音為什麼停滯？就是生命之道不明白！導致眾教會不能在真道上同歸於一，相互攻擊，這是福音的停滯主因。不但只有停滯，還有不少的信徒離開教會，西方國家的教會就是例證。同道同工們，警醒吧！多少不信者的靈魂等著拯救！聽見了陰間的呼聲嗎？

　　財主說：‘我祖啊！既是這樣，求你打發拉撒路到我父家去，因為我還有五個弟兄，他可以對他們作見證，免得他們也來到這痛苦的地方。’路十六 27－28。

　　有多少弟兄姐妹得不到哺養？馬其頓的呼聲聽到嗎？在夜間異象現與保羅。有一個馬其頓人站著求他說：“請你過到馬其頓來幫助我們。”徒十六 9。

　　嘴巴上滿是屬靈的行話，主耶穌愛你，我也愛你！可是實際就不一樣了。經上說：

　　你們向來跑的好，有誰攔阻你們，叫你們不順從真理呢？這樣的勸導不是出於那召你們的。一點麵酵能使全團都發起來。我在主裡很信你們必不懷別樣的心；但攪擾你們的，無論是誰，必擔當他的罪名。加五 7－10。

　　你們要謹慎，若相咬相吞，只怕要彼此消滅了。加五 15。

　　有人會說，經上記著：親愛的弟兄啊，我想盡心寫信給你們，論到我們同得救恩的時候，就不得不寫信勸你們，要為一次交付聖徒的真道，竭力爭辯。因為有些人是偷著進來，就是自古被定受刑罰的，是不虔誠的，將我們神的恩變作放縱情欲的機會，並且不認獨一的主宰我們的主耶穌基督。猶 3－4。

　　如果我們真的明白主耶穌基督的真道，去判定這個或者那個是異端或邪道，也是無可厚非的。我們知道，主耶穌基督的真道是什麼？他給我們的是什麼？乃是生命之道。最遺憾的是，在歷史的長河中，生命之道經過了政教結合，生命之道被歪曲了，生命之道被蒙蔽了！雖然，後世許多有識之士，參與了改革，或者歸正，付出了很多，結果還是沒有真正地理順了生命之道的有關真理！我們不得不欽佩那些改革者，他們處在那個年代，需要多少勇氣才能改革和歸正。因為我們知道，改革和歸正不單單是憑著勇氣就可以；我們從教會歷史中可以看到，多少前輩為了探索真理，在改革中付出他們的一切，甚至生命。但是，由於人的有限，時代的文化不同，當時改革的針對性，聖經真理在不同的時代不同的開啟，等等因素。導致他們無法理順，雖然如此，他們也給我們留下了不少開啟聖經的寶貴資源。無庸置疑，我們都是踩著前人的肩膀往上爬的，不然，我們絕對沒有今日的看見。筆者真誠的希望，同道同工們，不用再執迷，放下宗派的情見，不用抱著本宗派的神壇。切記！應該踩在前人的肩膀上，不是將前人扛在我們的肩膀上！忘記背後，努力面前，向主的標杆直跑。成為時代的工人，得主再來的獎賞。

　　返本清源，理順了生命之道脈絡；讓我們一起來捍衛生命之道，一同來走生命之道的路，一起來傳揚生命之道，使普世教會在耶穌基督的生命之道上合一，早日讓生命之道傳遍天下地極，使外邦數目早日添滿，迎接主耶穌基督降臨！使我們在那日得到稱讚！

主內弱肢

芮賢海

2016 年七月於洛杉磯

引言

　　我是誰？我從那裡來？我來到這個世界幹什麼？我要往那裡去？生命只有一次？還是不只一次？人為什麼會死亡？死亡是不是人生的終結？如果是，那就另當別論。如果不是，那死亡以後會是怎樣？人生命的奧秘，人生的意義，以及人的本質等等，這些問題從古至今，一直有人在不斷的探索。在人的文化中，無論是歷史、文學、哲學、音樂、藝術、雕刻和塑像，都表現出人在尋找自己的本位。儘管他們怎樣的去探索，均不能明白其真諦。不但不能明白，反而是越尋索越亂，越說越糊塗。原因在那裡呢？因為人本身就是失迷的。一個失迷的人去探索人生的真諦？一個迷惘的人給別人指引道路？這豈不是我們中國人所說的癡人說夢。我們知道，人自從始祖亞當犯罪，被逐出伊甸以後，人就失去了神當初造人時的原有身份、本位、方向。正如經上所說，迷失的羊。人既失去自己的本位，就迷失了方向。現今有多少人生活毫無目的，我們吃喝快樂吧，因為明天要死了。林前十五 32 上。

　　原因是他們不知道他們的本位在那裡？不用說那些沒有信主的人，就是我們教會裡面也有不少是這樣的人，不明白自己的本位，而不清楚自己前面的方向。在這裡我們可以問一下，本位是什麼？人都知道嗎？本位就是神造我們時所給的定位，也就是說神給我們的法則，或者說是定律。只有按照這個定律或法則，才能作蒙主喜悅的事。這個法則與定律是什麼呢？俗語說：天生我材必有用。只有知道了自己是什麼材料，人才能守住自己的本位；才能得神的喜悅，蒙神的祝福。不然，就反之。我們知道，天使犯罪，神也不寬容。天使犯了什麼罪？

　　大家都知道經上是怎麼說的，明亮之星，早晨之子啊，你何竟從天墜落？你這攻敗列國的，何竟被砍到在地上？你心裡曾說：'我要升到天上，我要高舉我的寶座在神眾星以上；我要坐在聚會的山上，在北方的極處；我要升到高雲之上，我要與至高者同等。'然而你必墜落陰間，到坑中極深之處。賽十四 12－15。

又有不守本位，離開自己住處的天使，主用鎖鏈把他們永遠拘留在黑暗裡，等候大日的審判。猶 6。

在這裡我們知道天使的犯罪，乃是不守本位。它沒有說自己比神大，或者說要比神高。乃是說，要與神同等。神造天使，它的本位是服役。

經上說：天使豈不都是服役的靈，奉差遣為那承受救恩的人效力嗎？來一 14。

它自己在這裡得罪了神，所以也用同樣的手法使人得罪神。它對夏娃說：你們便如神能知道善惡。創三 5。

神給我們的定律與法則是什麼呢？如經上所記：我憑著所賜我的恩對你們各人說，不要看自己過於所當看的，要照著神所分給各人信心的大小，看得合乎中道。羅十二 3。

經上又記著說：深哉！神豐富的智慧和知識。他的判斷何其難測！他的蹤跡何其難尋！誰知道主的心？誰作過他的謀士呢？誰是先給了他，使他後來償還呢？因為萬有都是本乎他，倚靠他，歸於他。願榮耀歸給他，直到永遠。阿們。羅十一 33－36。

我們不將這些事向他們子孫隱瞞，要將耶和華的美德和他的能力，並他奇妙的作為，述說給後代聽。詩篇七十八 4。

這就是神給所造萬物的定律與法則，人也是一樣。因為萬有都是：本乎他、倚靠他、歸於他。神給所造的萬物，包括天使，人。叫萬物明白，都是本乎他，因為他是造物的主，我們是被造者。所以我們要倚靠他，這就是我們的本位，我們只有依靠他，這才能守本位。而且我們更需要明白，將來都要歸於他。可是人沒有照神的定律與法則，不但沒有傳揚他的能力和美德，反而宣揚自己的成就和美德。這樣，人當然也與墜落的天使一樣，離開了本位。

我們現在來看一下伊甸的亞當，是怎麼說的呢？你所賜給我，與我同居的女人，創三 12。這兩句話真是厲害，第一句話，把神拖進來，意思說，神啊！我一個人好好地，你好心賜給我一個女人，如果沒有你的好心，我會犯罪嗎？所以，犯罪的事情你也不能全怪我，你也脫不了關係，因此，你也必須為這件事負點責任。第二句話，把責任全推給夏娃。本來說，這是我骨中的骨，肉中的肉。現在為了保全自己，連骨肉都不認了。妻子也不認了，竟說，與我同居的女人。可見人犯罪的本性，與魔鬼無異。

末後的亞當在客西馬尼園中的禱告說："我父啊，倘若可行，求你叫這杯離開我；然而，不要照我的意思，只要照你的意思。"太二十六 39。

在這裡我們清楚地看到，神的定律與法則，乃是以神為中心。而我們的始祖亞當乃將自己當中心，現在的人更是有過而無不及。為了達到一己之私，不擇手段。

世人弄不明白本位，我們還可以接受。可是，現在我們相信了主耶穌基督，是神的兒子，更有"聖靈"內住，為什麼也不明白自己的本位呢？原因在那裡呢？本書會帶給我們一個答案，揭開困擾我們的是什麼？

本書希望能給讀者帶來了，什麼是生命？生命從那裡來？生命和我們的關係。只有自己得著了生命，才會從其中領悟傳福音的智慧與知識，使人能夠找到自己原有的本位，認識自己現在的本位，然後找出兩者之間的差距，再去尋找解決這兩者差距的方法；這樣才會有新生活的開端，才會回到本位，守住本位。本位是決定一切的價值，本位決定方向是否正確，本位也決定被造的目的。要想解決問題，我們必須從根源開始。先明白了生命的起源，然後從生命的類別中找出有關生命的脈絡，順著脈絡再將有關的經文歸類。這樣，我們就可以掌握生命真理的來龍去脈，然後才會給別人帶去生命上的祝福。首先來讀幾段經文：

創一 26－28：神說："我們要照著我們的形像，按著我們的樣式造人，使他們管理海裡的魚，空中的鳥，地上的牲畜和全地，並地上所爬的昆蟲。"神就照著自己的形像造人，乃是照著他的形像造男造女。神就賜福給他們，又對他們說："要生養眾多，遍滿地面，治理這地，也要管理海裡的魚，空中的鳥，和地上各樣行動的活物。"

創二：7：耶和華神用地上的塵土造人，將生氣吹在他鼻孔裡，他就成了有靈的活人，名叫亞當。

　　創二：21－25：耶和華使他沉睡，他就睡了，於是取下他的一條肋骨，又把肉合起來。耶和華神就用那人身上所取的肋骨，造成一個女人，領她到那人跟前。那人說："這是我骨中的骨，肉中的肉，可以稱她為'女人'，因為她是從男人身上取出來的。"因此，人要離開父母，與妻子連合，二人成為一體。當時夫妻二人，赤身露體，並不羞恥。

　　創五：1－2：亞當的後代記在下面，當　神造人的日子，是照著自己的樣式造的，並且造男造女。在他們被造的日子，神賜福給他們，稱他們為人。

第一篇：生命起源。

　　我們來看創二 7 的經文：耶和華神用地上的塵土造人，將生氣吹在他鼻孔裡，他就成了有靈的活人，名叫亞當。

　　一：傳統教會對生命起源的解釋。

　　現在我們傳統上教會的傳道人都會這樣認為：神用地上的塵土造人，這個是肉身；是泥巴人，因此是死的。然後神給他吹氣，他就成了有靈的活人。

　　照二元論的說法，就是說這生氣指靈魂，有了靈魂人才是活的。如果是三元論的，他們會認為：先有體、然後靈、最後是魂。為什麼他們會這樣認為呢？他們認為和合本聖經翻譯有點不清楚。原文應該這樣翻譯：耶和華神用地上的塵土造人，將生氣吹在他鼻孔裡，他就成了有靈的活魂，創二 7。所以，他們的結論是：先有身體，然後神將生氣吹入他鼻孔，人就有了靈，然後身體與靈一起產生了魂。這樣的解釋是對還是錯？沒有人去過問，反正我們是這樣領受的，所以，也就這樣傳了，世世代代傳了多少年，那還會有錯？這個問題重要嗎？筆者不是危言聳聽，這節經文太重要了！可以說，這節經文是聖經中的重中之重。因為，它是生命起源。試想，生命起源錯了，那我們傳道人傳的是什麼？為了說明我們明白這節經文，知道錯誤在那裡？筆者摘錄現代教會中認為比較有權威的系統神學課程、改革宗的新譯本，還有召會的恢復版聖經。看他們是怎樣理解的，我們再一一比較，他們的錯誤在那裡？正如中國人的俗語：不怕不識貨，只怕貨比貨。現摘錄如下：

　　1：系統神學課程。

　　聖經有時用（死人）的字樣，但這不過是一種常用的名辭。而上下文清楚表明，死人不是完全的人，不是整個的人。同樣，聖經中有時用（靈魂）來指（人）。但上下文也清楚表明，那是形容有生命和生氣的活人，中文聖經譯本普通用意譯，如創二 7，四十六 26，原文作（魂），中文聖經譯作（人），這種事例多不勝數。有時（靈魂）是代表人離世後的自我意識，在救恩尚未完成前，暫時作為人的存在的代名詞，但這些靈魂並不真能代表整個的人（腓一23、啟六9、二十4）。

（2）受造過程（耶和華神用地上的塵土造人，將生氣吹在他鼻孔裡，他就成了有靈的活人，名叫亞當。創二7）。

（1）體質。當神創造其他動物時，口出命令，事即成就。然而在造人的時候，神利用已經存在的塵土地，來構造人的身體部分，並用他口中的生氣，灌輸於人。人的身體體質，與其他動物身體的體質，顯然是同屬一類的。傳道書稱說：人與獸類（都是出於塵土，也都歸於塵土地。傳三20）。其不同之處不是在於品質，而是在於這句話的含意。

第二章：人的本質。包括一個有形的身體，和一個無形的靈魂。身體來自塵土地，靈魂出自神之氣。身體與靈魂組成一個完全的人，單是身體，不能代表人，（而是當神將生氣吹在他鼻孔裡）之後，他才為一個有靈的活人（創二7）。後來，人因罪而受咒詛。一個死亡的人，他的身體不再能代表人，因為身體必將朽壞，意識也必將消滅（詩五1、傳九5、7）。

傳統教會的系統神學的解釋，真有點叫人無語。人的身體是塵土地，神的生氣是人的靈魂。試想，神的生氣怎麼會成為人的靈魂呢？犯罪後，人不能代表人，那現在沒有信耶穌的人是什麼？這裡筆者也不想多評判，只摘錄一些供讀者思想。

接下去我們再來看第二個比較自認為有權威的中文版聖經，為什麼這樣說呢？因為他們認為和合本聖經翻譯的不是很好，他們必須重新翻譯，那現在看他們是怎樣翻譯和解釋的。一本是改革宗的新譯本，一本是召會的恢復版。為什麼用他們的聖經呢？一是他們雙方的認知不同，改革宗是主張二元論。恢復版是主張三元論。二是因為他們都認為和合本翻譯的不太貼近原文，所以他們花費了人力、財力，重新翻譯聖經；他們認為他們翻譯的和原文更加貼近，使讀者更加明白。他們的出發點雖然不錯，但是結果又如何呢？我們拭目以待，下面我們就可以揭曉。

2：改革宗新譯本。

　　我們首先來看改革宗聖經研讀版（新譯本）是怎樣解釋，現摘錄如下：2：7：見創2章（聖經論肉身與靈魂）一文。用地上的塵土造成人形：使用希伯來文雙關語：（人）（希伯來文`adam）和（地）（希伯來文`adamah），顯示出人與地密切關係，因為地是人的搖籃、家鄉和墳墓（7、15，3：19）；此外，它又凸顯保羅的解釋：首先的亞當得著一個天然的肉身，為了能在地上生存。屬天的神子（但7：13）也有這屬地的形態，為了確保墮落的人類在復活時，擁有榮耀而不朽壞的屬靈身體（林前15：42－49）。造成：這個取自陶器製造的說法，代表神塑造每個人的行動（伯10：8－12）。有生命的活人：傳統以來，這希伯來詞均譯為（魂），但在19節則譯為（活物）。第一個人不是按先存生命造的。他與動物一起受造為活物，同樣有欲望和食欲。但人有別於動物的生命，其分別在於唯有人是按著神的形像造的（見1：26註）。亞當為動物命名，顯出他有權柄管治它們。見（西敏寺宣言）4，2；（大問答）17；（比利時宣言）7。

　　聖經論肉身與靈魂：我由什麼組成？

　　在這世界上，人人都有外在、物質的肉身，由內在、非物質、個人核心所賦予生命。聖經稱我們內在的自我為（魂）和（靈）。

　　改革宗神學否定人是（三分法）的（trichotomous；即的三個不同部分組成：身體、魂和靈）。提倡魂只意識到這世界，而靈是人的獨特部分，可與神及靈界交往，這是與聖經教訓、典型的希伯來文和希臘文的用法是一致的（兩種語言都交替使用（魂）和（靈））。雖然有幾節經文表面上區分了兩者（例：帖前5：23，來4：12及各註），但它們的目的並不是要界定人由哪些部分組成。人大概最常引用希伯來書第四章12節為三元論答辨，指出神的話（甚至可以刺入剖開魂與靈）（見這節的註）。然而，這節把思想與態度歸功於心，不是靈或魂。在這節裡，心、魂和靈這三個詞語都是同義詞，指人的非肉體部分。若堅持各個不同名詞都與人的非物質有關，是人獨特的構成元素（例：心、魂、思想、靈、內在部分、最深處、最深存有），那麼，若嘗試把它們細分的話，就會引起無窮盡的混亂。

改革宗神學也強調，我們的肉身是神為人類的設計中不可或缺的。神最初造人時，身體並不是邪惡或腐敗的，並且若是人類沒有落入罪惡之中，人類就不會經驗到身體的疾病和衰老的過程（創 2：17，3：19、22；羅 5：12）。因此，在基督裡的救恩是拯救全人的—身體與靈魂。正如耶穌基督的靈和肉身都從死裡復活，我們要到內外完全更新，才能完全擺脫罪的權勢。基督回來之前，我們的身體會繼續朽壞（林後 4：16－18），內在的人卻會不斷更新；但基督在榮耀裡回來時，我們就會完全得贖，包括身體在內（羅 8：23）。

在死亡時，以及死人等候基督回來的整個中間狀態裡，靈魂與身體是分開的。不過，這個狀態並不是我們最終的命運。信徒盼望的不是靈魂離開身體得贖，而是靈魂與身體一起得贖。雖然聖經沒有說明我們將來榮耀的身體確實的本質如何，但我們相信那將會是充分地延續目前的身體。並維持我們的獨特性的（林前 15：35－49；腓 3：20－21；西 3：4）。

在這裡我們看到改革宗對於生命的起源，沒有解釋的清楚，不但沒有講清楚，而是冠以聖經、或者保羅怎麼說的，典型的希伯來文和希臘文是一致的，以此來證明他們是合乎原文聖經的，合乎保羅所講的。其實，越講越不清，沒有實質東西，含混不清，是而有非的。他們既然不接受三元論，而他自己又說，聖經稱我們內在的自我為（魂）和（靈）。既然是魂和靈，再加上肉體，豈不是三元嗎？

再來看他們對人組成：先以，聖經論肉身與靈魂：然後，我由什麼組成？建立在聖經上的基礎當然是不錯的，如果牽強附會，濫用聖經，那不但給解經者帶來不良的後果。所以，彼得被靈感動，默示說：那無學問、不堅固的人強解，如強解別的經書一樣，就自取沉淪。彼得後書三章 16。

他們主張二元論，否定三元論，只承認人有身體與靈魂，信徒的盼望是靈魂與身體一同得贖，這種講法無可厚非。遺憾的是，從來沒有提到從神而來的生命。我們知道，如果沒有神的生命，我們憑什麼稱為神的兒子？我們又憑什麼可以進神的國？憑什麼身體與靈魂得贖？經上說：耶穌回答說：我實實在在地告訴你，人若不重生就不能見神的國。尼哥底母說：人已經老了，如何能重生呢？豈能再從母腹生出來嗎？耶穌回答說：我實實在在地告訴你，人若不是從水和聖靈生的，就能進神的國。從肉身生的，就是肉身；從靈生的，就是靈。我說：你們必須重生，你不要以為希奇。約三3－7。

　　3：召會的恢復版。

　　我們再來看三元論，恢復版的解釋是建立在地方教會的基礎上。眾所周知，召會是從地方教會分出去的。召會是在地方教會的教義上再延伸出去，明白了恢復的解釋，基本上對地方教會有個初步瞭解。恢復版的版本是怎麼說的呢？

　　恢復版聖經是這樣記載：耶和華神用地上的塵土塑造人，將生命之氣吹在他鼻孔裡，人就成了活的魂。在這裡筆者不妨摘錄一下恢復版的解釋。

　　七：1：希伯來文 adamah，亞當瑪。

　　七：2：人的身體是用地上的塵土塑造的，乃是人外在的形狀，是人接觸物質範圍的器官。

　　七：3：或使…成形（如窯匠所作。）見一1註3一段。

　　七：4：希伯來文 adam，亞當。神達成他目的之手續的第一步，乃是創造人作器皿，好盛裝他自己作生命。（羅九 21，23，林後四 7 提後二 21。）

　　七：5：希伯來文 neshamah，奈夏瑪，箴二十 27 譯為：靈。指明吹進人身體裡的生命之氣，成為人的靈。（參伯三十二 8。）人的靈是人裡面的器官，使人能接觸神，接受神，盛裝神，並將神吸收到他的全人裡面，作他的生命和一切。這靈是神特別造的，在神的聖言中列為與天地並重。（亞十二 1）人的靈是為著讓人敬拜神（約四 24，）由神重生（約三 6 下，）並聯于神，（林前六 17，提後四 22，）使人得以在與神生機的聯絡裡行事、生活，（羅八 4

下，）以完成神的定旨。

　　吹在人鼻孔裡的生命之氣，不是神永遠的生命，也不是神的靈。見路三 38 註 3 。主在復活那天將聖靈吹到他門徒裡面（約二十 22,）在此之前，人並沒有得著神的靈。然而，因為人的靈是出於神的生命之氣，所以和神的靈非常接近。因此，神的靈與人的靈之間能傳輸，人的靈也能接觸神，並與神成為一。（羅八 16 與註 2 ，林前六 17 與註 2 。）

　　人的靈裡有三種功能：良心、，使人能認識什麼是神所稱義的，什麼是神所定罪的；（羅九 1 與註 2 ；）交通，使人能接觸神、敬拜神、並與神交通；（約四 24，弗六 18 上，羅一 9 ；）直覺，使人對神有直接的感覺，並有從神而來直接的認識（可二 8，林前二 11。）

　　七：6：人的魂是他的人位，就是他的自己，（出一 5，徒二 11，）不是由某種元素所形成，乃是由人的靈與人的身體結合所產生。魂由人的心思、情感、意志組成，有心理的知覺，能接觸心理的範圍。神是三一的——父、子、靈（太二十八 19，）而人有三部分；靈、魂與身體（帖前五 23。）三一神創造了這樣一個三部分的人作為活的器皿，使人有性能得以盛裝神，並生機的與神聯合，（約十五 4 － 5 ，羅十一 17－24，）成為他的生機體，作他在人性裡的彰顯。見帖前五 23 註 5 ，來四 12 註 2 與註 3 。

　　這裡筆者提幾個問題：1：恢復本的解釋者在七：5：人的靈是人裡面的器官，使人能接觸神，接受神，盛裝神，並將神吸收到他的全人裡面，作他的生命和一切。這靈是神特別造的，在神的聖言中列為與天地並重。（亞十二 1 ）。聖經說是將生氣吹在亞當的鼻孔裡，不是神特別造的。試想，神既然造人，為什麼要分兩次造？再者，聖經在那裡記載神造人需要造兩次？還振振有詞地引用聖經，亞十二 1 ：我們可以試著讀一下。

　　耶和華論以色列的默示。鋪張諸天，建立地基，造人裡面之靈的耶和華說：

　　他們用這節經文，只用了一句，在神的聖言中列為與天地並重，就把人蒙過去了。眾所周知，神創造天與地，以及萬物，是為了什麼？不是為了人麼？他們認為人的靈與天地並重，就是了不得的事情。可惜，他們又錯了，天地都會廢去，人的靈卻歸到神那裡去！弟兄姐妹三思，天地與人的靈並重，還是天地為人的靈而造？主耶穌也說過：人若賺得全世界，賠上自己生命，有什麼益處呢？人還能拿什麼換生命呢？太十六26。

可見，人的靈在神看來，不能與天地相比擬，比天地重要的多了。

2：在七：5：吹在人鼻孔裡的生命之氣，不是神永遠的生命，也不是神的靈。那是什麼？是神特別造的？這個特別造的是指什麼？這個生命之氣怎麼會演變成人的靈？有什麼化學反應使之成為人的靈？神造人時不是一步到位？卻要造了兩次？造兩次還不夠，還需要兩次的受造物先結合，再產生一次特殊的化學反應，才能成為一個正常的人。是否太奇特了？請弟兄姐妹三思！

3：在七：6：裡面解釋到，人的魂是他的人位，就是他自己，不是由某種元素所形成的，乃是由人的靈與人的身體結合所產生。這太奇怪了，人的靈與人的身體結合竟能產生魂？那麼這是什麼化學反應？現今靈、魂與身體三者結合，能產生什麼？在這個時代的人看來，這樣的解釋太怪誕了。試想，這樣怪誕的說法，也有這麼多的人來聽從，難道他們都沒有思考能力，也沒有分辨能力？不是的，原因是在不同的時代。在那個時代這樣的解釋法，在那個時代的人看來，或者是比較超前的，所以會被當時代的人接受。可是到了這個時代就不同了，因為時代在前進，人的知識也越來越長進，所以，聖經的真理也隨著時代知識的長進而開啟。那些以前世代還沒有開啟的真理，逐步開啟，使末世代的人對真理越來越明顯。

4：對傳統教會的遺憾。

現在特別遺憾的是，乃是在當今時代沒有興起時代工人。試想，不管那個宗派，都沒有興起一個時代工人，來做當今時代的工，都還是停留在古代，他們宗派的偉人上。試想，這樣的工人能做時代的工嗎？用古代他們的認知，來做現今時代的工。真所謂，古為今用。我們知道，可以嗎？肯定是不可以的。掃羅的盔甲，大衛可以穿戴嗎？摩西為什麼不能帶以色列民進迦南？卻要將帶以色列民進迦南的擔子交給約書亞？希望現今不同教會的弟兄姐妹，認清時代，求主耶穌基督給我們興起時代工人。

有傳道人在講臺上傳講說：神用塵土造人的身體，這個泥巴人是死的；當神將生氣吹在他鼻孔裡，他就有了靈；然後，人的靈與人的身體一踫，就產生了魂；哈利路亞，神造人是何等的奇妙！這樣荒繆的說法，竟只要一句話，神造人的奇妙，就給遮掩過去。這究竟是神的奇妙還是化學反應？

筆者親身經歷，就是創二 7 的經文，與召會的一個全職傳道人交通過，他認為神的生命之氣是神的靈，進到人的鼻孔裡，就成為人的靈；然後，人的靈與人的身體相結合，就產生了魂。也就是恢復版上所記的，人就成了活的魂。當時，筆者就問他：神的靈到亞當的鼻孔裡就成為亞當的靈，是怎樣演變的？他無言以答。然後，他還想狡辯，說神造人就是為盛裝神；人好比手套，神好比手，就像手套為手預備一樣。然後，筆者又告訴他，您又錯了；人是活的，手套是死。如果是這樣，神怎麼說，要照各人的行為報應各人。羅二 6。弟兄姐妹，我們要為自己的選擇與行為承擔責任和後果！不要用屬靈的行話，主會負全部責任！

他們為什麼這樣解釋聖經呢？是他們的無知，還是他們另有想法，筆者不明白，只有主耶穌基督知道。這節經文是生命之道的起源，是我們信仰中的重中之重。我們經常說，我們所傳講的是生命之道。試想，生命起源都解釋錯了，這個生命之道怎麼傳講？如果我們不去解釋生命起源，或者對生命起源解釋錯了，當然無法解釋對生命之道有關的其他聖經。可是，偏偏有這樣的人，他們不顧起源，本末顛倒，口如懸河，滔滔不絕。正如有人說，這個世代的世人，全說假話、大話、空話，俗語說：假、大、空。殊知，在教會裡真是有過而不及，世上還只有假、大、空；但在教會裡不知多少傳道人在講假話、大話、空話，而且還多了一個屬靈的行話。怪不得主耶穌在世上時說過：

當那日必有許多人對我說：‘主啊，主啊，我們不是奉你的名傳道，奉你的名趕鬼，奉你的名行許多異能嗎？」我就明明地告訴他們說：「我從來不認識你，你們這些作惡的，離開我出去吧！」太七 22－23。願主耶穌基督這句話不會應驗在我們弟兄姐妹身上！

　　5：正意的解釋。

　　現在我們一起來解釋這節經文，這節經文的正意解釋是怎樣的？我們逐句來解釋。耶和華神用地上的塵土造人，這句話已經結束了一個過程；神造人完畢，乃是照他的形像和樣式造的；是具有人的一切本能，不管你是主張恢復版的三元論、或者改革宗的二元論，都無關緊要，人已經具備了靈魂與身體。為什麼這麼說呢？我們知道，神造一切動物，空中的鳥、海裡的魚、地上所有的走獸、爬行的昆蟲，那一種動物是死的？神說有就有了，說立就立了。詩三十三 9。我們更加明白，神造人是他的傑作。

　　聖經記載：天地萬物都造齊了。到第七日，神造物的工已經完畢，就在第七日歇了他一切的工，安息了。神賜福給第七日，定為聖日，因為在這日神歇了他一切創造的工，就安息了。創二 1－3。

　　也可以說，神創造人是他的關門之作，造人之後，他就安息了。這不但是他的關門之作，更是他的代表作。人作為神在世界上的代表，代表神治理大地，管理萬物。這樣一個重要的作品，神還把他造成死的。你說奇怪不奇怪？神造萬物都是活的，沒有一樣是死的。最後他的代表作，"人"，是他照自己的形像和樣式，並且聖經還特特寫明，用地上的塵土造人。這樣最高的傑作 "人" 反而是死的？豈不是從門縫裡面看神，把神看扁了！如果是死的，泥巴人，生氣能吹入嗎？就是現今的鼓風機都無法吹入。這樣簡單的道理，為什麼講不清楚？如果聖經就停留在這裡，我們就很清楚地說，這個人是活的。

　　但是聖經不停留在這裡，接著說，將生氣吹在他鼻孔裡，他就成為有靈的活人。所以後人認為這節經文是一氣呵成的，先有死的身體，然後有靈，最後才有魂。具備了身體與靈魂，才是真的活人。他們沒有去思考生氣是神所吹的，神的生氣進入亞當鼻孔裡，就成為人的靈，對嗎？然後，這裡的活人與人活著的 "活" 字是一樣解釋的嗎？缺少這兩個思考，就成為一葉遮障，給後人帶來一個解不開的結。這就應了古人的話，謊言千遍成為真理！

這句話既然是這樣，那為什麼又寫後面幾句話，這又是什麼意思呢？這句經文具體的意思，就是神造人的工已經完畢，但神與人之間的關係還沒有完畢。從這一句話中，我們知道，人與神的關係是什麼呢？是創造主與被造物的關係。我們人最高尚，不過是神的創造物而已。

我們現在可以舉一個例子來說，一個最有名氣的藝術家，他一生肯定會有一件使他成名的傑作，或者是他的代表作。這件作品對他來說，是他畢生的心血，他傾注了一生所有的。不光只有財物，多少個不眠之夜，才能成就這幅作品。這幅作品，在藝術家本人來說，這幅作品太重要了！雖然這幅作品這麼重要，他與這幅作品的關係，只能停留在，作者與作品的關係。有他傾注的心血，按現今術語來說，不可能有血緣關係，或者什麼基因關係，這些肯定是通通沒有。因此，藝術家離開世界，但他的作品還留傳世上，這就是作品與作者的關係。

現在我們應該知道，雖然我們與神有這一層關係，也就是創造主與被造物的關係罷了。在神看來，沒有神生命的，不管是誰，都是死的。那時的亞當，是活著的死人。

如經上所記：神原不是死人的神，乃是活人的神；因為在他那裡，人都是活的（ “那裡” 或作 “看來” ）。路二十 38。

耶穌說： “任憑死人埋葬他們的死人，你只管去傳神國的福音。” 路九 60。

在這裡我們看到神是多麼的愛人，他不願意讓人與他的關係，停留在創造主與被造物之間，所以就有了下面的經文。接著我們就讀到，將生氣吹在他鼻孔裡，這是神的動作，這生氣是從神而來，不是天然的空氣。照恢復版的解釋者在七：5：。吹在人鼻孔裡的生命之氣，不是神永遠的生命，也不是神的靈，是神特別造的，與神的靈非常接近。咋聽之下，好像新鮮、獨特，比其他傳道人講的好像進了一步。可是他們還是沒有說清楚這是什麼？可以說，他們也無法解釋清楚。為什麼說他們無法解釋清楚呢？因為他們陷在前人留下的誤區，以及那個時代的認知裡。

神將生氣吹在人的鼻孔裡，這是神與人的普通關係進入了特殊的關係。從創造主與被造物的關係，進入了父子關係。因這生氣吹在人的鼻孔裡，人就有了從神而來的生氣，這生氣是出於神的本身，不是天然的空氣。這生氣可以理解為：生命、聖靈。但到目前來說，沒有更好的名詞可以用。為了我們這個時代的人好理解，只好用幾個名詞來代替一下，例如：基因、ＤＮＡ。亞當有了這口氣，就從被造物和造物主的關係，轉變成了父子關係。如經上所記：亞當是神的兒子。路三 38。我們知道，兒子肯定有父親的基因，或者是ＤＮＡ，如果沒有，我們憑什麼是神的兒子？有父親的基因，或者ＤＮＡ，但兒子不等同于父親；父親還是父親，兒子還是兒子。這樣的解釋可以接受嗎？如果可以接受，我們接下去解釋。

他就成為有靈的活人。這個 "靈" 是指從神而來的生命，亞當有了從神而來的生命，那就是活人了。這個活人與我們天然人活著的 "活" 是不同的，上面已經提過，這裡就不再繁述了。這節經文我們暫時學到這裡。

6：各種解釋的脈絡是否清晰？

接下去我們檢驗一下，我們所解釋與下面經文是否會有衝突？清楚了根源，然後理順了脈絡？順著這個脈絡，我們是否清晰了其他經文？接下去我們試試看，我們先從亞當犯罪後，死了沒有？根據聖經記載，我們沒有看到他們死，反而看到他們的眼睛明亮了。這是怎麼回事？是聖經記錯了？還是翻譯錯誤？還是我們傳統解經有問題？

我們知道，聖經不會記錯，也不是翻譯錯誤；乃是傳統解經上有問題。為什麼這樣說呢？眾所周知，生命起源不清楚，怎能解釋死呢？正如孔子說的，不知生，焉知死。生的起源不知道，當然也不明白何為死。因起源不清楚，導致亞當犯罪死了沒有？是那個位格死？或者壓根就沒有死？這個問題也是各個宗派有各個宗派的說法，五花八門。這個問題說不清楚，那麼接下去的經文會解釋清楚嗎？稍微有點常識的人都知道，筆者就不說了。既然，他們都說不清楚，那我們怎樣來正意理解呢？

首先來看聖經：耶和華神吩咐他說："園中各樣樹上的果子，你可以隨意吃；只是分別善惡樹上的果子，你不可吃，因為你吃的日子必定死。"創二 16－17。

經上說的很明白，你吃的日子必定死。這是肯定句，沒有妥協的餘地。我們知道，世上的君王頒佈命令叫聖旨，誰不聽就是抗拒聖旨，抗拒聖旨者還有沒有活的可能？當然沒有！抗拒人的聖旨都不能活，更何況創造萬物的主，他的命令你可以不遵行？

經上說：那藉著天使所傳的話既是確定的，凡干犯悖逆的，都受了該受的報應；來二 2。那藉天使所傳的話，干犯悖逆，也要受了該受的報應；更何況亞當直接違背了創造主的命令，還能不死？如果不死，神的尊嚴在那裡？神又怎能審判各人呢？至於這個死怎麼理解，或者是那方面死？這個死與死人的 "死" 有何區別？我們繼續探討。

我們在經文上，沒有看到亞當吃的日子必定死，只看到：

於是女人見那棵樹上的果子好作食物，且是可喜愛的，能使人有智慧，就摘下果子來吃了；又給她丈夫，她丈夫也吃了。他們二人的眼睛就明亮了，才知道自己是赤身露體，便拿無花果樹的葉子，為自己編作裙子。創三 6－7。

在經文上我們不但沒有看到他們死，反而記載他們的眼睛明亮，這是怎麼回事？太奇怪了！如果犯罪後眼睛明亮，那麼這個時代很多戴眼鏡的年青人，都去犯罪，就不用戴近視眼鏡了，那有多好啊！但當你一思想，你就會覺得很奇怪，難道他們沒有犯罪前眼睛不明亮？是這樣嗎？當然不是。對於亞當犯罪後死了沒有？真是瞎子摸象，瞎猜瞎蒙，奇談怪論，真是瞎子領瞎子。

其一：系統神學對脈絡的認為。

第二章：人的本質。包括一個有形的身體，和一個無形的靈魂。身體來自塵土地，靈魂出自神之氣。身體與靈魂組成一個完全的人，單是身體，不能代表人，（而是當神將生氣吹在他鼻孔裡）之後，他才為一個有靈的活人（創二 7）。後來，人因罪而受咒詛。一個死亡的人，他的身體不再能代表人，因為身體必將朽壞，意識也必將消滅（詩五 1、傳九 5、7）。

他們認為：人因犯罪而受咒詛，一個死亡的人，他的身體不能代表人，因為身體必將朽壞，意識也必將消滅，並用詩五 1 和傳九 5、7 來詮釋。我們看一下經文：耶和華啊！求你留心聽我的言語，顧念我的心思。詩五 1。活著的人，知道必死；死了的人，毫無所知，也不得賞賜，他們的名無人紀念。他們的愛，他們的恨，他們的嫉妒，早都消滅了。在日光之下，所行的一切事上，他們永不再有分了。你只管去歡歡喜喜吃你的飯，心中快樂喝你的酒，因為神悅納你的作為。傳九 5－7。他們為什麼會引用這段經文，是不明白經文，還是糊弄弟兄姐妹。只有主耶穌知道，筆者不作評判，弟兄姐妹去思考吧！

其二：改革宗神學對脈絡的認為。

改革宗研讀本的解釋，現摘錄如下：3：6：罪實質上是人不信任神，要自主（見 2：16 註）。真正的信仰是基於信任與神交往，生出順服來（約 14：15）。見創三章（創造、墮落、救贖）一文。果子……智慧。女人的決定是基於實際價值、對美觀的欣賞和心靈的滿足。就摘下果子來吃了：她這樣做，就與死亡與黑暗之王結盟。神無條件、不可抗拒的揀選，是她現在唯一的盼望（見 3：15 註）。他也吃了：男人成了叛徒。他用足夠動機信任和順服神，但卻選擇了不順服（6：5，8：21）。亞當藉著神的委任，代表了人類，作為約的頭目，使死亡臨到所有的人；正如基督使生命臨到所有信靠他的人（羅 5：12－19）。見（西敏宣言）4.2，9；（大問答）17；（小問答）15；（海德堡問答）9。

3：7－11：犯罪的其中一個結果是疏離——人互相疏離（以縫合無花果樹的葉了為衣服為象徵），又與神疏離（以他們躲在樹木之間為象徵）。

3：7：赤身露體：這希伯來文形容人被脫去保護性的衣服，意思是不能保護自己、脆弱和羞辱（申 28：48；伯 1：21；賽 58：

7）。譯作（赤身露體）的希伯來詞語讀音像 3：6 中的（狡猾）。第一對想變得精明，卻發現自己赤裸裸，真得諷刺。婚姻的親密關係也遭粉碎（見 2：24 註）。裸露的意識，就是人初次有負疚感。神為人的罪提供（衣服），帶有救贖的意識（見 21 節註）。無花果樹的葉子：寬闊堅韌得足以作衣服。見（比利時宣言）23。

他們認為亞當犯罪的結果是：死亡臨到，產生了人與人，人與神的疏離。赤身是形容人被脫去保護性的衣服。裸露的意思是：人初次有負疚感。這種解釋與聖經相符嗎？請弟兄姐妹們三思？不要人云亦云。人的生命起源和墮落都講不清，以後接下去的經文能解釋清嗎？請改革宗的同道同工們注意！

其三：恢復對脈絡的認為。

恢復版聖經的解釋：七：1：人第一次墮落的可怕結果是多重的。首先人違犯了神的命令，（二 17，羅五 14，）因此落在神的定罪之下，（羅五 16，）並遭受咒詛（17－19。）他也遠離神（ 8 ，）與生命樹裡（23－24）神的生命隔絕了。（弗四 18。）不僅如此，人墮落時，撒但邪惡的意念、感覺和意願，注射到人的心思、情感與意志裡，因此污染了人的魂。（ 1 ， 4 － 6 。）因著人吃了知識樹，撒但就進了人的身體，成了人裡面的罪。（參羅七 8 ，11，17，20 與 8 註 1 。）因此，人受造純潔無罪的身體，變質成了罪的肉體，（羅七 18 上與註 2 。）墮落的結果乃是人的靈死了，（參弗二 1 ，5 ，與 1 註 2 ，）與神隔絕失去它向著神的功用。因此，人的身體、魂、與靈這三部分，每一部分都因墮落而被破壞了。不僅如此，墮落之人被構成罪人，（羅五 19，）成為死的受害者，（羅五 12 下，14 上，林前十五 22 上。）結果，人受破壞不能完成神的定旨，就是有神的形像彰顯他，並有他的管治權代表他。（一 26，）至終，因著人的墮落，一切受造之物都服在虛空之下，受敗壞的奴役（羅八 20－21。）

七：2：這是人的良心開始起作用。良心是人靈的功用之一，（見二 7 註 5 三段，）在神創造人的時候就有了。然而，直到人有分於知識樹之後，良心的功用才顯明。亞當墮落後，因赤身而覺羞恥，

（參二 25，）因為他良心發動了。從那時候起，人裡面的良心就開始承擔棄惡從善的責任。見羅九 1 註 2 。

　　恢復版的解釋：亞當犯罪後靈死掉了，赤身而覺羞恥，良心發動了，良心就開始承擔棄惡從善的責任。照他們這樣解釋，首先，犯罪後靈死掉了，那麼亞當夏娃只有魂和體，與動物無異。既然靈死掉了，他們又說：良心是靈的功用之一，靈死掉了，良心功用才開始顯明。赤身而覺羞恥後，良心開始發動，從那時候起，良心就開始承擔棄惡從善的責任。真是越說越糊塗，靈死掉了，而它的功用之一才開始、發動、承擔棄惡從善的責任。既然是靈死了，但它的功用之一卻活了？難道這是一個死裡復活的先例？靈死了帶來了良心的復活？良心開始承擔棄惡從善的責任？真是這樣嗎？我們在經文中看到，亞當犯罪後不但沒有開始承擔棄惡從善，反而反其道而行之。恢復版的解釋，真是奇談怪論！請召會的弟兄姐妹們三思！

　　其四：其他說法。

　　還有人說：亞當犯罪後是沒有死，是神嚇唬他，好像父親教育孩子一樣，你不聽從父親的話，父親就打死你。結果，當孩子不聽從時，父親當真將孩子打死嗎？回答是：當然不會。

　　也有人說：亞當本來是不會死的，結果犯罪以後才會死。這是神寬容他，所以等到他九百三十歲時就死掉了。更有人說：亞當吃的日子必定死，主說的話肯定在當日死，可是那個時代的“日”是，主看一日如千年，千年如一日。彼後二 8 。這裡所說的“日”。以這個“日”來計算，因此，亞當沒有活到一千年，只有九百三十年，所以還不到一日。這樣奇特的解釋，奇談怪論，都拿聖經來當依據，誰知越說越遠，根本不著邊際的解釋，但還是有許多的跟隨者，真是太奇怪了！

　　其五：聖經對脈絡的認為。

　　我們現在話歸正題，亞當犯罪後死了沒有？那個位格死掉？照著我們上文的生命起源的解釋，亞當與神的關係，乃是父子關係。如果沒有與神的這種關係，在神看來是死的。這樣，我們很簡單地告訴你們，亞當是神所給他的生命之氣沒有了，也就是說，與神所賜予的生命之氣隔絕了。我們在新舊約聖經裡，只有兩處記載“吹氣”。一處是創二 7，將生氣吹在他鼻孔裡。另一處是在約二十 22：說了這話，就向他們吹一口氣，說：“你們受聖靈。”這兩口氣是遙相呼應的，一在舊約，一在新約。我們看到的是：亞當將這生命之氣失去，耶穌基督復活後將這生命之氣重新賜予人，這就是恢復。經上也是這樣記著說：“首先的人亞當成了有靈的活人（“靈”或作“血氣”）；”末後的亞當成了叫人活的靈。林前十五 45。

　　神將生命之氣吹在亞當的鼻孔裡，亞當成為有靈的活人。當亞當犯罪後，與神所賜的生命隔絕了，在神的眼光裡，亞當是死的。但照神的大憐憫，借耶穌基督死裡復活，重生了我們。所以，末後的亞當成了叫人活的靈。只有他復活，才有權柄和能力使我們活，這個“活”字，不是我們肉體活著的“活”，這是毫無質疑的，也是我們確信的。

　　如經上所記：這就如罪從一人入了世界，死又是從罪來的；於是死就臨到眾人，因為眾人都犯了罪。羅五 12。

　　在亞當裡眾人都死了，照樣，在基督裡眾人也都要復活。林前十五 22。

　　願頌讚歸與我們主耶穌基督的父神！他曾照自己的大憐憫，借耶穌基督從死裡復活，重生了我們，叫我們有活潑的盼望。彼前一 3。

　　這就是後人所說：天門久為初人閉，福路全憑聖子通。也就是說，舊約失去，新約恢復。這個死不是人的靈死，乃是指與神的生命隔絕。如經上所記：

　　他們心地昏昧，與神所賜的生命隔絕了。弗四 18 上。

　　但你們的罪孽使你們與神隔絕，你們的罪惡使他掩面不聽你們。賽五十九 2。

　　人一犯罪，就會與神所賜的生命隔絕，這就叫“死”；我們上面說到，這個活人的“活”字與人活著的活字不同。因此，這個“死”當然也不是人死了的死，這個我們要弄明白。也可以這樣說：亞當失去了神兒子的地位，與神的父子關係隔絕了，人不再是神的兒子了。不但不是神的兒子，還從人的本身成為了罪人！

7：脈絡的延伸。

其一：其他版本沒有延伸。

亞當的"死"明白了，我們繼續看他們犯罪後眼睛明亮了，這是怎麼回事？改革宗的版本沒有解釋，所以就不提。其他版本也沒有提及，只有恢復版有解釋，所以他們認為比前人高明，開了先河。殊不知自己是站在前人的肩膀上，看的比前人遠一點而已；終點看到了沒有，仍然和前人一樣，沒有看到終點。其結果和前人一樣，沒有看到終點的解釋，仍然是錯誤的。在那個年代，他們可以說：獨領風騷，獨樹一幟，不知所云。什麼高峰的啟示、極峰的真理啦，等等。都從他們口裡出來，他們認為，神把他們興起來，是現今時代的執事。所以比其他教會都明白聖經，神把終極的真理都已經啟示給他們，真正是不可一世！

其二：恢復對脈絡的延伸。

現在我們來看一下恢復版的解釋，七：2：這是人的良心開始起作用，良心是人靈的功用之一（見二7註5三段，）在神創造人的時候就有了，然而，直到人有分於知識樹之後，良心的功用才顯明，亞當墮落後，因赤身而覺羞恥（參二25，）因為他良心的功能發動了，從那時起，人裡面的良心就開始承擔棄惡從善的責任。見羅九1註2。我們是否看到他們的解釋是自相矛盾，七：1：說：犯罪後人的靈死了，七：2：良心是靈的一部分功能，有分於知識樹後，良心的功用才顯明，良心的功能發動了，良心就開始承擔棄惡從善的責任。

咋一聽，很有道理，如果將他們上下文一對比，就會知道矛盾重重。靈都死掉了，還有良心嗎？如果良心承擔棄惡從善的責任，良心的功能發動，為什麼神問亞當，誰告訴你赤身露體呢？莫非你吃了我吩咐我不可吃的那樹上的果子嗎？創三11。

那時，既然良心功能開始發動，承擔棄惡從善的責任。那亞當為什麼不承擔責任，把責任往夏娃向上推。不但如此，你聽他怎麼說：你所賜給我、與我同居的女人，創三 12 上。我們來看這二句話的份量，你所賜給我，把神也拖進來，如果不是你賜給我，我能犯罪嗎？所以，我的犯罪，和你也有關係。我一個人好好地，你還好心給我造一個配偶幫助我。你看，現在怎麼樣了，這個配偶來幫助我，幫助我什麼來著，來幫助我犯罪。對嗎？

然後就說，與我同居的女人。這話多難聽啊！貶的太低了，連妻子都不是了。在創二 23：那人說："這是我骨中的骨，肉中的肉，可以稱他為女人，因為她是從男人身上取出來的。" 這裡說是骨中的骨，肉中的肉，是何等的愛夏娃。當一犯罪，愛變成了恨，不用說是骨中的骨，肉中的肉，還來了一句，狠刺夏娃的心，將相濡以沫的妻子，說成與我同居的女人！這就是世人所說的，沒有犯罪的人，表面都是天使；但一犯罪，人就變成了魔鬼。

從這裡我們是否看到，良心的功用在那裡？它的發動在那裡？它開始承擔棄惡從善責任在那裡？所以，聖經告訴我們，犯罪是屬魔鬼的。約壹三 8。我們看到亞當沒有犯罪時，對夏娃的愛，可以想像到；在夏娃的眼裡，亞當真比天使更美。但一犯罪，就成了比魔鬼更毒。因此，我們知道，犯罪後的人是何等的可怕！弟兄姐妹們，謹慎啊！千萬別犯罪！

其三：聖經對脈絡的延伸。

我們現在回來，看看應該怎樣理解聖經，他們犯罪後眼睛明亮是怎麼一回事？首先，我們還是回到生命的起源。神的生氣吹在亞當的鼻孔裡，亞當就有了神的基因，或者ＤＮＡ，我們知道，神是何等榮耀，他的身上充滿了光輝。永生神如同烈火，來十二 29。誰能定睛看他！如經上所記：生命在他裡頭，這生命就是人的光。約一 4。

亞當與夏娃既然承接了神的生命，當然也承接了神的榮耀與光輝；二人都被榮光罩著，都是發光體，還用穿衣服嗎？二人互相對視，只能看到光體，當然看不到羞恥。這裡給我們現在的弟兄姐妹一個提示，不要只看見某個弟兄姐妹的錯誤，沒有看到他外面的主耶穌。正如經上說：他們舉目不見一人，只見耶穌在那裡。太十七

8 。我們看到弟兄姐妹時，只看到耶穌，我們才能相愛。經上告訴我們說：人若說："我愛神，"卻恨他的弟兄，就是說謊話的；不愛他所看見的弟兄，就不能愛沒有看見的神（有古卷作"怎能愛沒有看見的神呢？"）。愛神的，也當愛弟兄，這是我們從神所受的命令。約壹四 20－21。

亞當夏娃犯罪後，失去了神所賜的生命，不是眼睛明亮了，乃是身上的榮光沒有了！沒有了榮光，就羞恥了。在這裡給我們現今教會一個提示，我們看到弟兄姐妹的羞恥時，我們的眼睛明亮了。我們如果在這方面眼睛明亮，就可以證明我們的罪還在，正如經上說：為什麼看見你弟兄眼中有刺，卻不想自己眼中有樑木呢？你自己眼中有樑木，怎能對你弟兄說："容我去掉你眼中的刺"呢？你這假冒為善的人！先去掉自己眼中的樑木，然後才能看得清楚，去掉你弟兄眼中的刺。太七 3－5。

世人也這麼說，一個當官的在位時，他的頭上被光環罩著，真正是光宗耀祖。一旦犯罪，光環盡失，露出羞恥，沒有一個倒臺的官會有好的評價。這是眾所周知，也是常識。在這裡對亞當犯罪後所帶來的一系列問題，我們暫時先告一個段落。

現在我們一起來分享生命的起源，只有明白了生命的起源，再順著它的脈絡，往下查考，才會按著正意分解真理的道。我們從創世紀一到二章中看到神造人，有不同的生命組合。現在我們開始逐一查考。

二：中國人論生命起源。在我們國家的教育中，人生命的起源，是五花八門的。開始是盤古造天地，女媧氏用泥巴造人。到孔子的時候，這些文人學者，就不管人生命的起源，也不說，也不問。正如孔子的學生問孔子說：老師："人死了以後去那裡？"孔子回答說："不知生，焉知死。"從這句話裡有人認為，孔子講這話有兩個不同的解釋。

其一是：孔子認為學生為什麼不先問人是怎麼生的？也就是我們說的生命的根源。不明白人生命的根源，怎麼知道死呢？任何事情想弄明白，必須先從根源著手。只有明白根源，才能順著脈絡，把事情講清楚。這就是我們所說的因果，有其果必有其因。

其二是：這些問題連孔子自己也不知道，也就是他無法解釋，但又不能失去老師的風範。故此，用這話來搪塞，使學生不能在這方面提問。儒家的教育，只知道人生在世怎麼為人，不清楚人的生命起源，所以也就談不上人死了以後去那裡。佛教、道教、甚至以後的無神論，各說各的理，但都沒有說清楚，只有越說越亂。在這裡筆者也不想與他們辯論，孰是孰非，仁者見仁，智者見智。

現在我們將話題轉過來，照聖經所記，生命的來源是怎樣？

三：聖經論生命起源。我們先看聖經：

神說："我們要照著我們的形像，按著我們的樣式造人，使他們管理海裡的魚、空中的鳥、地上的牲畜和全地，並地上所爬的一切昆蟲。"神就照著自己的形像造人，乃是照著他的形像造男造女。神就賜福給他們，又對他們說："要生養眾多，遍滿地面，治理這地；也要管理海裡的魚、空中的鳥，和地上各樣行動的萬物。"創一 26－28。

耶和華神用地上的塵土造人，將生氣吹在他鼻孔裡，他就成了有靈的活人，名叫亞當。創二 7。

耶和華使他沉睡，他就睡了，於是取下他的一根肋骨，又把肉合起來。耶和華神用那人身上所取的肋骨，造成了一個女人，領她到那人跟前。那人說："這是我骨中的骨，肉中的肉，可以稱她為'女人'，因為她是從男人身上取出來的。"因此，人要離開父母，與妻子連合，二人成為一體。當時夫妻二人，赤身露體，並不羞恥。創二 21－25。

從以上的經文中，我們知道，神是照他們的形像和樣式以及塵土造人。女人更加珍貴，乃是從男人身上取出來，是男人的骨中的骨，肉中的肉。依據聖經，我們是否看到物質東西？其一是塵土，其二是男人的肋骨。神的形像和樣式當然不是物質，因為神是個靈，又是無形無像，所以是非物質。因此，我們區分物質與非物質的生命。在這裡筆者首先聲明，不與三元論與二元論的爭辯，他們可以有他們的說法，例如：物質生命與非物質生命的區分，好像成為二元論；但是用塵土、神的形像與樣式，這樣的區分，好像是三元論。筆者只用聖經的教導，以及個人的理解、認為，人的生命是否可以理解於：一體、二元、三功用。以期拋磚引玉，不參與神學的爭辯。

接下來我們按著聖經的教導，首先探討物質生命的起源。

1：物質生命的起源。物質生命的起源，它的材料是塵土，創二 7 上。雖然女人起初的材料是男人肋骨，有所不同，但經上記著，耶和華神說：「那人獨居不好，我要為他造一個配偶幫助他。」創二 18。耶和華神就用那人身上所取的肋骨，造成一個女人。創二 22。起初，男人不是由女人而出，女人乃是由男人而出。並且男人不是為女人造的；女人乃是為男人造的。林前十一 8－9。這樣，女人是由男人而出，是男人的配偶，是幫助男人的。因此，她的本身也是屬於塵土的。所以，我們就不用區分男女物質生命的材料，起源都是一樣，塵土。

亞當犯罪後，與神所賜的生命隔絕，物質生命也遭受到敗壞。這個物質生命，本來也是不死的。正如世上的科學研究，認為物質不滅。

我們來看聖經：又對女人說：「我必加增你懷胎的苦楚，你生產兒女必多受苦楚。你戀慕你的丈夫，你丈夫必管轄你。」又對亞當說：「你既聽從妻子的話，吃了我所吩咐你不可吃的那樹上果子，地必為你的緣故受咒詛，你必終身勞苦，才能從地裡得吃的。地必給你長出荊棘和蒺藜來，你也要吃田間的菜蔬。你必汗流滿面才得糊口，直到人歸了土，因為你是從土而出；你本是塵土，仍要歸於塵土。」創三 16/19。

這裡我們看到了，人犯罪以後，給物質生命帶來了嚴重的敗壞。首先，對女人來說，增加懷胎的苦楚，生產兒女必多受苦楚。戀慕丈夫，反要受丈夫的管轄。歷世以來，多少家庭暴力，女人的地位是何等的低。重男輕女的思想，在世人的腦海裡，真是根深蒂固。對男人來說，首先是地受咒詛，因為當初男人是種地的，地受咒詛，就意味著大地不給人效力。地不給人效力，更增加了物質生命的勞苦，這個勞苦，不是一時的，乃是終身勞苦。這個大地不但不效勞，反而，給你長出荊棘和蒺藜，所以有人說，人一生都和荊棘蒺藜鬥，鬥到最後，人還是鬥不過荊棘蒺藜。人死了，隨著時間的推移，墳墓上爬滿了荊棘蒺藜。不但如此，汗流滿面才能糊口。最後，還要歸於塵土。

經上記著：我們經過的日子，都在你震怒之下；我們度盡的歲月，好像一聲歎息。我們一生的年日是七十歲，若是強壯可到八十歲；但其中所矜誇的，不過是勞苦愁煩，轉眼成空，我們便如飛而去。詩九十 9 － 10。

人的物質生命在世沒有什麼可矜誇的，只十二個字，勞苦愁煩，轉眼成空，如飛而去。我們知道，勞苦愁煩，轉眼成空，如飛而去是我們所矜誇的，但我們所遭受的更是可悲。除了勞苦，生離死別，遭受天災人禍，疾病纏磨。

傳道者說：虛空的虛空，虛空的虛空，凡事都是虛空。人一切的勞碌，就是他在日光之下的勞碌，有什麼益處呢？一代過去，一代又來，地卻永遠長存。傳一 2 / 4 。

我專心用智慧尋求查究天下所作的一切事，乃知神叫世人所經練的，是極重的勞苦。傳一 13 。

這樣看來，作事的人在他的勞碌上有什麼益處呢？我見神叫世人勞苦，使他們在其中受經練。傳三 9 － 10。

那些坐在黑暗中死蔭裡的人，被困苦和鐵鍊捆鎖，是因他們違背神的話語，藐視至高者的旨意。所以他用勞苦治服他們的心；他們僕倒，無人扶助。詩一百零七 10 － 13。

從這些聖經中我們可以看到，神給人的勞苦，乃是希望他們回轉。可見神真是像世人所說的，用心良苦。因著勞苦，再加上他們不理解神的用意，所以，導致不少的人都是怨天尤人，甚至走向極端的行為，進行自殺。

我們明白了神使我們受苦的用意，原是好的，希望人們在勞苦中間認識神，歸向神。這是神管教的愛，但是人不明白，可是我們基督徒應該明白。對嗎？既然受苦對人有益處，是神愛人的體現，所以神不讓亞當犯罪後，他們的物質生命當時死亡。如果物質生命當時死亡，人就沒有機會經歷苦難，沒有機會經歷苦難，意味著就不能回轉。所以，神給亞當留下足夠的悔改時間。使亞當在苦難中轉向神。亞當轉向神了嗎？有聖經依據嗎？有。

　　我們來看：塞特也生了一個兒子，起名叫以挪士。那時候，人才求告耶和華的名。創四 26。那時亞當才二百多歲，這個“人”當然是指亞當，只有他是人的始祖，當之無愧是人的代表。那時亞當帶領塞特、以挪士，這個分支來求告神。我們知道，求告神就成為神的兒子。這裡順便提醒一下，創六 2 中我們所看到神的兒子就是指這一分支的人。

　　神沒有使亞當夏娃當時物質生命死，這是證明神是何等的愛人，雖然人犯了罪，受到了應有的懲罰；神不讓人當時死亡，還給人一個悔改的機會。神雖然將亞當夏娃趕出伊甸園，卻為亞當夏娃用皮子作衣服給他們穿，給人預備了救贖的計畫。

　　這就是聖經的一脈相承，在不同的時代，激勵了不同時代的人。到我們這個時代，照樣激勵我們；我們雖然信主多年，經常犯罪，有悔沒有改，得罪了主耶穌基督。有人說的好，世上沒有不犯罪的基督徒，只有不認罪的基督徒。當我們犯了罪，慈愛的主耶穌沒有置我們於死地，沒有要我們立刻離開世界，這是為什麼？這是主耶穌的大愛，是他給我們悔改的機會。在這裡我們可以大聲地對那些失敗的弟兄姐妹喊一聲，不要自暴自棄，認罪悔改吧！主耶穌基督等候你！不管你犯了什麼罪，多大的罪，自己都不能原諒自己的罪，只要你認罪，父家的門向你永遠是開著的。回來吧！回來吧！也希望那些教會的管理者，要歡迎浪子回家，不要成為大兒子。

　　我們再來看聖經：你必汗流滿面才得糊口，直到你歸了土，因為你是從土而出的；你本是塵土，仍要歸於塵土。亞當給他妻子起名叫夏娃，因為她是眾生之母。耶和華神為亞當和他妻子用皮子作衣服給他們穿。創三 19－21。

　　綜上所述，物質生命的起源，是神所創造的，這無庸置疑的，也是確信的。

如經上所記：你且問走獸，走獸必指教你，又問空中的飛鳥，，飛鳥必告訴你；或與地說話，地必指教你；海中的魚，也必向你說明。看這一切，誰不知道是耶和華的手作成的呢？凡活物的生命和人類的氣息，都在他手中。伯十二 7－10。

耶穌回答說；"那起初造人的，是造男造女，並且說："人要離開父母，與妻子連合，二人成為一體。' 這經你們沒有念過嗎？"太十九 4－5。

他從一本造出萬族的人（"本"有古卷作"血脈"），住在全地上，並且預先定準他們的年限和所住的疆界。徒十七 26。

物質生命的起源暫時停止，接下來我們探討非物質生命的起源，先看聖經：

神說："我們要照我們的形像，按著我們的樣式造人，使他們管理海裡的魚、空中的鳥、地上的牲畜和全地，並地上所爬的一切昆蟲。"神就照著自己的形像造人，乃是照著他的形像造男造女。神又賜福給他們，又對他們："要生養眾多，遍滿地面，治理這地；也要管理海裡的魚，、空中的鳥，和地上各樣行動的活物。"創一26－28。

亞當的後代記在下面：當神造人的日子，是照著自己的樣式造的；並且造男造女。在他們被造的日子，神賜福給他們，稱他們為人。亞當活到一百三十歲，生了一個兒子，形狀樣式和自己相似，就給他起名叫塞特。創五 1－3。

（我的生命尚在我裡面，神所賜呼吸之氣仍在我的鼻孔內。）約伯記二十七章 3。但在人裡面有靈，全能者的氣使人有聰明。伯三十二 8。

他若一心為己，將靈和氣收歸自己，凡有血氣的就必一同死亡，世人必仍歸塵土。伯記三十四 14－15。

創造諸天，鋪張穹蒼，將地和地所出的一併鋪開，賜氣息給地上的眾人，又賜靈性給行在其上之人的神耶和華，賽四十二 5

2：非物質生命的起源。

人是神照他的形像，按著他的樣式造的。神的形像與樣式和非物質生命有什麼關係呢？

其一：改革宗認為。

我們首先來看一下改革宗是怎樣解釋，神的形像和樣式，他們的神學只解釋神的形像，樣式忽略。現摘錄如下：人具有神的形像：我是誰？

雖然神全然知道人類將會變成怎樣和會做些什麼事（包括墮落罪中），但聖經提及我們的第一件事情（創一 26－27，並在五 1，九 6；林前十一 7，雅三 9 中再次提及），卻是有關我們是與神相似的，且是其他受造物所沒有的。在希伯來文中（照著我們的形像，按著我們的樣式，創一 26）的意思是，神使人類成為他的形像與樣式。我們是（帶有形像的人），但不僅如此，這個特徵是不能與我們分開的；我們在本質上和不可更改地，就是他的形像和樣式。

至於這是什麼意思，改革宗神學在傳統上一直強調幾項重點。加爾文以保羅的書信為理據，強調成為神的形像與成為像基督是息息相關的；（是照著神的形像，在公義和真實的聖潔裡造的。弗四 24）。信徒已經（穿上新人。這新人照著他的創造者的形像漸漸更新，西三 10）。誠然，我們是損毀的神的形像，是被罪所玷污的，但在基督裡，我們卻重新得著只有在樂園裡的亞當和夏娃才擁有的最原初的美善。其他改革宗神學家則強調，所有人都與神相似，都是個體、有理性、創造力和道德觀念的生物。毫無疑問，這一切見解都是正確而有價值的。

但是創世記第一章 27 節至 28 節緊接著上下文，也教導我們更多關於神的形像。在古代歷史的背景下，成為神的形像跟成為神的皇族兒子這個觀念相關。古代的帝皇被視為神明的兒子，以確保天命得以地上實行為殊榮。這種觀念也是神在以色列眾王身上所定的計畫的一部分——以色列的君王也被稱為神的兒子（代上二十八 6，詩二 7）.然而，這個對於神的兒子或神的形像的觀念，在創世記中卻大大地得以擴展：（神的形像）一語被套用在每一個人身上：（他所創造的有男有女。創一 27）。

因此，按照聖經的觀點，一度只歸於皇族的榮耀與尊貴，其實是賦予所有人的（詩八 3 － 8）。每個人都被安排在世界上，藉著在地上確立他的旨意；而彰顯出又真又活的神、宇宙大君王的榮耀。改革宗神學往往把人類擔當的這個角色稱為（文化使命）；它所指的是我們有責任也有這個福分，在基督的帶領下去發展文化（創一 28－30）。這個使命最終在耶穌身上得以實現，他吩咐得贖的神的形像（他忠信的子民），藉著（福音使命）去實踐那個文化使命，方法就是把基督的名傳遍整個世界。（太二十八 18－20）。聖經研讀版，新譯本 11。

其二；恢復版的解釋。

恢復版聖經怎樣解釋，現摘錄如下：二六 2：神的形像，指神裡面的所是，是神屬性內裡素質的彰顯，這些屬性最顯著的是愛、（約壹四 8、）光、（約壹一 5、）聖（啟四 8、）義。（耶二三 6。）神的樣式，指神的形狀，（腓二 6，）乃是神身位之素質與性質的彰顯。因此，神的形像和神的樣式不當視為兩個分開的東西。人內裡的美德受造於人的靈裡，乃是神屬性的翻版，也是人彰顯神屬性的憑藉。人外面的形狀受造為人的身體，乃是神形狀的翻版。因此，神造人成為他自己的複本，使人有盛裝神並彰顯神的性能。其他一切活物都是（各從其類）造的，（11－12，21，24－25，）人卻是從神類造的。（參徒十七 28－29 上。）既然神與人同類，人就有可能與神聯合，而在生機的聯結裡與他同活。（約十五 5，羅六 5，十 17－24，林前六 17。）

其三：二者的相同和不同點。

我們看過了改革宗神學的解釋與恢復版的解釋，是否能夠看到，他們的理解相同點與不同點。相同點：1：是認為形像和樣式是相同的，沒有區別。2：都是引用經文。不同點：1：改革宗神學認為神的形像，是人類。而恢復版解釋神的形像是，人是神類。2：改革宗神學認為彰顯神，是文化使命。而恢復版則認為，彰顯神，是盛裝神的體現。神屬性內裡的彰顯，愛、光、聖、義。究竟人是人類，還是神類？誰是誰非？仁者見仁，智者見智。筆者也不評論，只將自己所理解的呈現在讀者面前。

其三：聖經的記載。

我們來看形像和樣式的關係，如果不注意去看，形像和樣式是近義詞，也可以說，基本沒有什麼差別。所以，我們的前輩們也就不注意了，認為形像和樣式是一樣的，就無須探討了。他們說的好像也很有道理，也是引經據典。因為經上說：他本有神的形像，不以自己與神同等為強奪的；反倒虛已，取了奴僕的形像，成為人的樣式。腓二 6－7。照這經上的話，形像和樣式基本上是一樣的。

但是當你一注意看聖經的時候，形像和樣式就有不同的解釋，在不同的地方出現，那意義就更不同了。特別是本節經文，還特意加上幾個詞，一是 "照著"，二是 "按著"。因此，我們認為，照著形像，是外面。按著樣式，是指整個結構。我們先看幾個地方經文，然後，詮釋它們之間的不同

凡流人血的，他的血也必被人所流；因為神造人，是照著自己的形像造的。創九 6。毫無疑問，這裡的 "形像" 二字所指是外面的，也就是我們所說的，物質生命。這裡特別強調不能流人血的原因，因為人是照神的形像造的。

我們用舌頭頌贊那為主、為父的，又用舌頭咒詛那照著神形像被造的人。雅三 9。

所以你們要分外謹慎，因為耶和華在何烈山，從火中對你們說話的那日，你們沒有看見什麼形像。惟恐你們敗壞自己，雕刻偶像，仿佛什麼男像、女像，或地上走獸的像，或空中飛鳥的像，或地上爬物的像，或地底下水中魚的像。申四 15－18。

不可為自己雕刻偶像，也不可作什麼形像，仿佛上天、下地，和地底下水中的百物。申命記五章 8。在上面的經文中我們知道，神為什麼不讓以色列民看到他的形像？

因為我們知道，人為什麼不能見神的面，一是：人看到神的面必死無疑。出三十三 20。二是：人看到形像後，就會為自己製造偶像，來敬拜這些偶像。所以，神不讓以色列民看到他的形像。

你們究竟將誰比神，用什麼形像與神比較呢？偶像是匠人鑄造，銀匠用金包裹，為他鑄造銀鏈。窮乏獻不起這樣供物的，就揀

選不能朽壞的樹木，為自己尋找巧匠，立起不能搖動的偶像。賽四十 18－20。

我們知道，這些形像都是指外面的。就像我們現在這個時代的畫像、照相一樣。但是，我們要特別注意，這個外面不是單單指我們所看見的外面。因為，我們物質生命是把人的物質生命當成人的主體，所以，當我們看見某人時，我們就知道，這是某人。但是從神那邊來看，人的主體不是物質生命，乃是非物質生命。

經上記著；耶和華卻對撒母耳說：不要看他的外貌和他的身材高大，我不揀選他，因為耶和華不象人看人，人是看外貌，耶和華是看內心。撒上十六 7。

這個內心，照二元論來解釋，就是非物質生命。如果照三元論來解釋的話，那這個內心不是指魂，是指靈。在這裡順便提一句，恢復版的解釋，認為魂是人的主體。筆者不敢苟同，因為他們講的話是自相矛盾。可以參照他們自己對靈的解釋，靈有三個功能，良心、交通、直覺。既然這三個功能對神聯結，還不是人的主體？他們對魂的解釋，魂有心思、情感、意志組成。試想，心思、情感、意志會是人的主體，豈不是天方夜譚？

但筆者為什麼認為人的靈是人的主體呢？為什麼這樣說呢？有什麼聖經依據呢？請看：

經上記著：神是個靈（或無 “個” 字），所以拜他的，必須用心靈和誠實拜他。約四 24。因為神是個靈，或者說，神是靈。那麼，他的形像，首先確定的方面，就是靈。其他有更多的說法，例如；愛、光、聖、義。這不是指形像，乃是指神的本質，或者說是靈的體現。我們可以從人來一個比方，這個人的形像是比較俊美，瀟灑，個頭多高，多大年紀。如果，你不認識他，不瞭解他。你怎麼會知道這個人是好或是壞？是善或是惡？所以，古人說：日久見人心。就是這個道理。愛、光、聖、義，是神的體現。也就是神兒子們應該有的體現，主耶穌說：你們是世上的光。你們愛神，也要愛弟兄。因信稱義，在基督裡成聖。這些美德是神傳承給我們，否則，我們是不可能有這樣的美德。

　　神的形像是兩個方面的外貌，一是物質生命，是人看人，在人看來物質生命是人的主體。但在神看來，人的靈是人的主體。同道同工，不要混淆真理。神的形像，我們暫時探討到此，下面我們再來探討什麼是神的樣式。我們先來看一處聖經：

　　亞當活到一百三十歲，生了一個兒子，形像樣式和自己相似，就給他起名叫塞特。創五 3 。如果形像與樣式是一樣的話，在一章 26 中，神說：我們要照著我們的形像，按著我們的樣式造人。我們還可以認為這是平衡句，形像和樣式是一樣的，沒有什麼區別。那這個地方，為什麼要這麼記載呢？這句話分明不是平衡句，但聖經是這麼記了，所以，我們是否要思考一下。在這裡我們明顯地知道，亞當在生塞特時，已經生了不少的兒子。有記載的就有該隱、亞伯。亞當生他們時，聖經沒有記載他們的形像與樣式與亞當相似，惟獨在這裡記載。

　　這是什麼意思呢？我們知道，亞當是神的形像和樣式造的，犯罪後，與神隔絕。但慈愛的神還是愛亞當，通過苦難使他重新回轉。我們看到，亞當離開伊甸後，從伊甸的生活，落到自己需要在被咒詛的土地上耕種，與荊棘和蒺藜鬥，汗流滿面才能糊口。試想，正如我們中國古人說：從儉到奢易，從奢到儉難。那時的亞當，心裡確實不好平衡。誰知，一波未平一波又起，該隱又殺了亞伯。試想，一個作父親的心情，確實是壞透了。所以，神安慰他，使他生了一個塞特，來代替亞伯。因為他從塞特身上得到安慰，心裡才得到平衡，或者說是正常。所以這裡說：形像樣式與自己相似。緊接著，塞特生以挪士，那時人才求告耶和華的名。創五 3 是補述創四 26 經文所沒有記載的。這裡給我們的教導是什麼？人要成為神兒子，先要心轉向神，就會象神的形像和樣式。然後，求告神，才成為神的兒子。這個脈絡和我們所探討過創二 7 一樣，聖經是一脈相傳的。起源清晰，脈絡分明，這才是正道。

　　亞當是神的形像和樣式，但還不是神的兒子。神的生氣進入他的鼻孔裡，他就成為神的兒子。這是兩步，不是一步，對嗎？這邊也是一樣，塞特的形像樣式與亞當相似，生了以挪士後，人才求告耶和華的名。凡求告主名的，就必得救。羅十 13。這裡也是兩步，才成為神的兒子。我們注意經文的記載：

道成了肉身，住在我們中間，充充滿滿地有恩典有真理。我們也見過他的榮光，正是父獨生子的榮光。約翰為他作見證，喊著說："這就是我曾說： '那在我以後來的，反成了在我以前的，因他本來在我以前。'" 從他豐滿的恩典裡，我們都領受了，而且恩上加恩。約一 14－16。

在這段經文中我們是否看到，耶穌基督是道成了肉身，充充滿滿有恩典有真理。什麼是恩典？什麼是真理？恩典是指耶穌基督十字架上的救贖，真理是指耶穌基督死裡復活，將生命賜予我們。經上記著：我要求父，父就另外賜給你們一位保惠師（或作 "訓慰師" 下同），叫他永遠與你們同在，就是真理的聖靈，乃世人不能接受的；因為不見他，也不認識他；你們卻認識他，因他常與你們同在，也要在你們裡面。約十六 16－17。

說了這話，就向他們吹一口氣，說； "你們受聖靈。" 約二十 22。使徒約翰明白生命脈絡，所以，他說：在他豐滿的恩典裡，我們都領受了，而且恩上加恩。

主耶穌先在十字架上為我們死，不但洗去了我們的罪；基督為我們受了咒詛（ "受" 原文作 "成" ），就贖出我們脫離律法的咒詛；因為經上記著說： "凡掛在木頭上都是被咒詛的。" 加三 13。並且贖出我們脫離律法的咒詛。這裡我們注意一處經文：

惟有一個兵，拿槍紮他的肋旁，隨即有水和血流出來。約十九 34。

主為我們罪人死，將我們從魔鬼權下和律法的咒詛之下贖出來，使我們恢復了神的形像與樣式。主耶穌又從死裡復活，重生了我們。我們首先是認罪悔改，然後接受主耶穌復活的生命，也就是我們所說的重生，只有重生以後，才是神的兒子。這裡也是兩步，明白了嗎？這兩步需要多少時間？我們知道，在主耶穌基督成就救恩程式上，恩上加恩是兩步，但在我們信的人身上發生，是他的賜予，所以，不受時間與程式限制，幾乎是同步發生的。

　　我們再來探討樣式，上面已經提過了，樣式是指結構。我們也先來看幾段聖經：

　　又當為我造聖所，使我可以住在他們中間。製造帳幕和其中的一切器具，都要照我所指示你的樣式。出二十五 8 － 9 。

　　要謹慎作這些物件，都要照著在山上指示你的樣式。出二十五 40 。

　　要照著在山上指示你的樣式，立起帳幕。出二十六 30 。

　　這燈檯的作法，是用金子錘出來的，連座帶花都是錘出來的。摩西製造燈檯，是照耶和華所指示的樣式。民八 4 。

　　到十一年，布勒月，就是八月，殿和一切屬殿的，都著樣式造成。他建殿的工夫，共有七年。王上六 38 。

　　大衛將殿的遊廊、旁屋、府庫、樓房、內殿，和施恩所的樣式，指示他兒子所羅門。又將被靈感動所得的樣式，就是耶和華神殿的院子、周圍的房屋、殿的府庫，和聖物府庫的一切樣式，都指示他。代上二十八 11 － 12 。

　　大衛說：“這一切工作的樣式，都是耶和華用手劃出來，使我明白的。”代上十八 19。綜合這些經文，我們是否可以說，樣式和形像是不一樣的。這些經文告訴我們，神所指示摩西建立帳幕，指示大衛吩咐所羅門建聖殿。也就是帳幕的結構和聖殿的結構，這就是樣式。這些複雜的結構，就是告訴我們，神造人的樣式，在人看來，是何等的複雜！人只能解剖物質生命，多少的醫學家們到現在還沒有弄明白，人體的構造。

　　經上所記：風從何道來，骨頭在懷孕婦人的胎中如何長成，你尚且不得知道；這樣，行萬事之神的作為，你更不得知道。傳十一 5 。

　　物質生命就這樣複雜，更加上非物質生命，還是二元、三元，更弄得人雲裡霧裡。越說越糊塗。筆者認為，把複雜的事情變成簡單。同道同工們就更好明白，傳道人自己都不明白，怎樣去餵養和帶領呢？願這些知識會成為弟兄姐妹的屬靈知識，才會給人帶去益處，通過這些屬靈的知識，我們清楚地知道，形像和樣式是不同的，形像是一個整體，而樣式是十分複雜的結構。這樣複雜的結構，難道是進化的嗎？是自然巧合的嗎？都不可能，這樣複雜的非物質生命，當然也是神造的。

3：屬靈生命。這個名詞不知是否正確，但是我相信，這個名詞在教會中是不陌生的。一個人如果沒有這個屬靈生命，這個人就不是屬神的。也就是說，這個屬靈生命，是我們主耶穌基督賜給他的門徒，也就是基督徒的特殊待遇。

我們還是看創二 7：耶和華神用地上的塵土造人，將生氣吹在他鼻孔裡，他就成了有靈的活人，名叫亞當。

上面已經解釋過了，在這裡我只點一下。神造人以後，將人關係從創造主與被造物的關係，進入了父子關係。這生氣是從神的本身出來的，因此，這個生命就是我們所講的屬靈生命。亞當有了這個屬靈生命以後，才成為有靈的活人。這裡的 “靈” 可以理解與生命，聖經中靈與生命互用的地方比比皆是，筆者就不一一例舉了。亞當有了這個生命，才稱為神的兒子。路三 38。亞當犯罪後，這個屬靈的生命就與他隔絕了。但在創四 26 中我們看到，那時人才求告耶和華的名。當亞當帶著塞特與以挪士這個分支的人來求告神，人就重新得到這個從神那裡來的屬靈生命。

因為，經上記著說；到那時候，凡求告耶和華名的就必得救；珥二 32 上。

到那時候，凡求告主名的就必得救。徒二 21。

因為 “凡求告主名的，就必得救。” 羅十 13。

綜合以上經文所述，因此，亞當求告主名，就必得救。順著這個脈絡，我們就很好理解創六 1 － 3 經文中所記載的，神的兒子。這裡面記載的神的兒子是指誰？

其一：恢復版對神兒子的解釋。我們先看恢復版怎麼解釋的？我們摘錄如下：

1：邪靈與人調和，人成了肉體（六 1 － 4）。

二 1：這裡神的兒子們是墮落的天使，（參伯一 6，二 1，三十八 7，）他們在撒但背叛神時與撒但聯合，（啟十二 4），在撒但黑暗的國裡成為執政的和掌權的。（太十二 26，弗六 12）。

　　二 2：人第三次墮落時，一些在撒但權下的墮落天使來到地上，取了人的身體，並用這身體與人的女兒非法結合，因此使人類與墮落的靈攙混而將人類污染了。根據（猶 6－7，見該處 6 註 1 與 7 註 1，）墮落的天使與異類的肉體行淫，立了先例，使所多瑪和蛾摩拉跟從。（十九 4－9，羅一 27。）

　　三 1：在人第一次的墮落裡，人沒有運用他的靈；（見二 6 註 1；）在第二次墮落裡，人過度運用他的魂，發明了新的宗教。（見四 3 註 1。）在第三次墮落裡，人濫用墮落的身體而成了肉體，滿了情欲、淫亂和強暴。（2，5，11。）墮落的肉體是神最強硬、最邪惡的仇敵。（羅七 5－八 13，）徹底並絕對為神所恨惡。在第三次墮落時，整個人類變成了肉體。因此，神進來告訴他的僕人挪亞說，他要毀滅整個世代。（7，13。）這是主即將回來前之世代的預像。（太二十四 37－39）。

　　三 2：這是本書的第二次題至神的靈（參一 2。）在此之前，神的靈帶著恩典運行並與人相爭，對抗人的背叛和墮落。然而這裡到了一個地步，神的靈不再與人相爭，這表徵神棄絕了人。

　　四 1：或，巨人。這辭的意思是墮落者。墮落的天使和人類之間不法的結合，產生了拿非利人，（或上古英武有名的人。）（參民十三 32－33）。神差洪水滅絕挪亞那一代的人，因為那一代的人已經不純了。神為著成就他的定旨，不能容許這種人類存留。

　　其二：改革宗對神兒子的解釋。

　　現在我們來看一下改革宗版本是怎樣解釋的，摘錄如下：6：2 神的兒子：不同的學者有不同的詮釋。有人認為他們是塞特的後人（基督教傳統詮釋）；是天使（最早期猶太人的詮釋，或許跟彼後 2：4，猶 6－7 吻合）；是繼承拉麥作王的暴君（主後 2 世紀拉比的詮釋）。按語言學的角度來看，三種詮釋皆有合理的辯詞。表面看來，第一個解釋最切合經文，把受咒詛的該隱後代與敬虔的塞特後人比較，但他不足以解釋為何（人的女子）是指該隱的女後代。第二個解釋有古人支持，但似乎與耶穌說天使不嫁娶的言論矛

盾（太 12：25），也不能解釋為何經文是以凡人（３節）和他們所
受的審判（５－７節）作為焦點。第三個答案最能解釋（隨意挑選）
一語（12：10－20，20：1，撒上 11 章），但缺乏屬於主後二世紀
以前的證據。最好的解決方法大概是結合後兩個解釋；這些暴君是
該隱的後代（3：15），擁有魔鬼賦予的能力（申 32：17）。美麗……
娶：這兩個希伯來詞的意思是（美好）和（取去）。他們重複了原
罪的模式：（見……好……摘下 3：6）。他們是被情欲驅使，缺乏
了屬靈的分別力，譯作（娶）那個希伯來詞不是用來指（結婚）的
一般用語，可能暗示誘拐，甚至是強姦——這樣的解釋就很能說明
神為什麼譴責他們（５－７節）。

　　6：3：我的靈：神的靈是肉身生命的源頭（詩 104：29－30）。
若神收回他的靈，受造物就會死亡（見 1：4，2：7 註）。住：
基於亞甲文的一個同根詞，這獨特的希伯來詞與可解作（庇護/保
護）。按照這個解法，意思就是神的靈不會永遠把生命賜給擾亂神
的世界的人（1：2 註）。

　　其三：他們解釋的問題。

　　現在我們來看一下他們對這段經文的理解，是否越來越糊塗？
首先我們來看改革宗的版本，他們沒有搞清楚創世記二章 7 節經
文。他們是非常模糊籠統的概念，將神造人的經文一帶而過。生命
起源的模糊籠統，導致他們無法解釋亞當犯罪後死了沒有？更無法
解釋犯罪後反而眼睛明亮？也無法解釋神的形像，他們認為神的形
像是人類，人類的角色是文化使命；信徒借著福音使命去實踐文化
使命。創世記六章神的兒子，他們認為神的兒子是指該隱後代的暴
君，擁有魔鬼賦予的能力。雖然他們也講到（基督教傳統詮釋），
神的兒子是指塞特後人。可是他們不能接受，因為，他們是改革宗，
所以要改革。

　　把一個本身不是問題的問題搞複雜了，他們認為不能解釋為何
（人的女子）是指該隱的女後代。他們本來就承認，把受咒詛的該
隱後代與敬虔的塞特後人比較。那有為了什麼？筆者不明白，只有
神知道！不但是神的兒子解釋產生了問題，接下去神的靈就不永遠

住在他裡面；更是牽強。他們認為，若神收回他的靈，受造物就會死亡。還用其他文字的意思，認為神的靈不會永遠把生命賜給擾亂神的世界的人。真是一錯再錯，為什麼要這樣解釋呢？在這裡奉勸改革宗的同工們三思！

我們現在來看一下恢復版的解釋：從創世記二章 7 節，將生氣吹在他鼻孔裡開始，他們錯誤地認為這生命之氣不是神永遠的生命，也不是神的靈，是神特別造的。人的魂是，人的靈與人的身體結合所產生。導致無法正確地知道人犯罪後，那方面的死。據他們說法，人的靈死了。既然是人的靈死了，他們好像不肯定。所以在解釋人犯罪後，眼睛反而明亮了，他們認為這是人的靈裡一個功能，良心起作用，良心功能發動，承擔棄惡從善的責任。真是似是似非，叫人無法明白。然後我們看到他們對神的形像解釋，認為人是神的形像，就是神類。所以說：神的形像是愛、光、聖、義。這樣，瞎蒙的解經法，導致他們對神兒子的解釋，更加離譜。正如國人有句俗語：差之毫釐，謬之千里。他們認為神的兒子，是邪靈與人調和。取了人的身體，與人的女兒非法結合。墮落的天使與異類肉體行淫立了先例，使所多瑪蛾摩拉跟從。同樣，他們認為神的靈不永遠住在他裡面。是本書第二次題至神的靈，在此之前，神的靈帶著恩典運行，並與人抗爭，對抗人的背叛和墮落。然而，到了一個地步，神的靈不再與人相爭，這表徵神棄絕人。

真是奇怪，神的靈在聖經那裡記載與人抗爭？人隨著時代演變，人越來越壞，那證明神抗爭不過人，才導致人越來越壞？真是奇談怪論！下面再看他們對巨人的解釋：巨人，墮落者。墮落的天使和人類之間不法的結合，產生了巨人。參考民數記十三章 32－33。筆者覺得太奇怪了，他們自己也承認，那個時代的巨人，在挪亞洪水時代早淹沒了，為什麼還要參考民數記經文？莫非他們認為民數記中的偉人也是墮落的天使取了人的肉體，與女子非法結合，而產生的？因為，他們解釋，墮落的天使與異類肉體行淫立了先例。請問：這個先例流傳到那個年代結束？還是一直沒有間斷？如果真是這樣，現在這個時代為什麼沒有這樣的偉人呢？難道現在的墮落天使改邪歸正了？還是改革了？還是像他們一樣，恢復了？對召會同工們的勸勉暫時停在這裡，筆者已經講了很多，聽不聽進去是他們的事，願不願接受也是他們的事。我們放在禱告中，代他們祈求，求主放下他們的情見，使弟兄姐妹們，在主的生命真道上合而為一。

其四：聖經的解釋。

筆者在這裡與弟兄姐妹們，共同來探討創六 2－4。神的兒子們，是指誰？我們以上說過他們解釋的錯誤。那我們應該怎樣去理解呢？首先，我們還是從生命的起源開始。亞當有了神賜予的生氣，亞當就成為神的兒子。亞當犯罪後，與神所賜的生命隔絕了。也就是說，人犯罪後是屬魔鬼的，不是神的兒子，乃是罪人。當亞當被趕出伊甸以後，在創四 26 開始，人才求告耶和華的名。這個人是指亞當，不是指塞特，這是筆者與（基督教傳統詮釋）有點不同。求告主名必然得救，得救的人當然是神的兒子。所以，這裡講神的兒子，當然是指亞當所帶領，塞特、以挪士這個分支的人。

這裡經文的疑點不是神的兒子，乃是人的女子美貌。為什麼說人的女子美貌？難道亞當所帶領的這些神兒子們，家裡沒有女子？或者這些女子不美貌？在古時，他們確實無法理解。因為，那個時代的人太保守，女子更加保守。但到了這個年代，是主再來日子。如經上記著：

挪亞的日子怎樣，人子的日子也要怎樣；那時候的人又吃又喝，又娶又嫁，到挪亞進方舟的日子，洪水就——把他們全都滅了。路十七 26－27。

我們這個時代人的行為，與挪亞那個時代人的行為，又吃又喝，又娶又嫁。意思是吃了又吃，娶了又娶，嫁了又嫁。人的行屍走肉，吃吃喝喝，不重視婚姻，將婚姻當作兒戲，嫁娶太隨便了，挪亞時代人的寫照，與我們現今這個時代太相似了。所以，我們就很好理解了。這個彎曲悖謬，邪惡淫亂的世代。這個世代不信的女子，太開放了，所有的廣告都用開放的女子。世人的女子不是誘惑兩個詞就可以說明，簡直來說，這些女子是，太誘惑了！所以，神的兒子們經不起這些女子的誘惑，紛紛地娶她們為妻，“美貌”這二個詞，可以理解為誘惑。表面看來，是指她們的美貌，實際乃是指她們的誘惑。這樣的解釋可以接受吧？

現在，我們來看神的靈就不永遠住在他裡面。眾所周知，神的兒子當然與神的生命有分，（生命與靈互用）。這裡神的靈可以理解於，神的生命。亞當犯罪後，與神所賜的生命隔絕，這裡也是同樣的道理，人既屬乎血氣，神的靈也不永遠住在他裡面。也就是說，人既屬血氣，神的生命與人隔絕。下面這句經文說：然而，他的日子還可到 120 年。人與神的生命隔絕，但神還是給人悔改的機會，人還可活 120 年，正如亞當犯罪後，還可活到 930 年。

這些巨人，我們是否可以理解，他們比世人聰明。我們知道，墮落的罪人，比本來就是罪人更可怕。這些人的後裔，是扭曲，信仰不純正。這裡的英武有名的人，不是褒義，乃是貶義。在世人的眼光裡，他們是英武有名的。但在神的眼光裡，是被神棄絕的罪人。

從創世記六章開始，一直到耶穌基督死裡復活之前，所有在聖經上記載的先知義人，他們都沒有神的生命。他們只有信，只有仰望。

如經上所記：耶穌又大聲喊叫，氣就斷了。忽然，殿裡的幔子從上到下裂為兩半，地也震動，磐石也崩裂，墳墓也開了；已睡聖徒的身體，多有起來的。到耶穌復活以後，他們從墳墓裡出來，進了聖城，向許多人顯現。太二十七 50－53。

這裡記載了主耶穌被釘死與復活時所產生的連鎖反應，其一：殿裡的幔子從上到下裂為兩半。大家知道，聖殿裡的幔子，作用是把聖所與至聖所隔開。進入至聖所的路，在人看來，這條路是不通的。除了大祭司一年一次進入至聖所以外，任何人都不能進入。進入者必死無疑。不但是其他人，就是大祭司一年一次進入時，也有死亡的可能。所以，舊約時代的人想與神交通，自己是不可能的，必須要通過祭司。但現在不一樣了，耶穌已經代死了，贖價給神了，詩四十九 7。幔子裂開了，這條路開通了，我們就可以坦然無懼地進入至聖所。

　　弟兄們，我們既因耶穌的血得以坦然進入至聖所，是借著他給我們開了一條又新又活的路，從幔子經過，這幔子就是他的身體。來十 19－20。

　　你們的祖宗亞伯拉罕歡歡喜喜地仰望我的日子，既看見了，就快樂。猶太人說：「你還沒有五十歲，豈見過亞伯拉罕呢？」耶穌說：「我實實在在地告訴你們，還沒有亞伯拉罕，就有了我。」約八 56－58。

　　古代的先知義人，他們憑信遠遠望見。甚至連猶太人引以為傲的，他們的老祖宗亞伯拉罕，也在歡歡喜喜地等候這一天。因為他們同有一個信心，同有一個指望。知道有一天，他們會得到救贖。他們必然和我們一同得到那更美的事，如果不與我們同得，就不能完全。正如經上所記：

　　這些人都是因信得了美好的證據，卻仍未得著所應許的；因為神給我們預備了更美的事，叫他們如不與我們同得，就不能完全。來十一 39－40。

　　這種屬靈的生命，只有到耶穌基督從死裡復活後，這種由前人失去的，由末後的亞當來恢復。如經上所記：然而，我將真情告訴你們；我去是為你們有益的，我若不去，保惠師就不到你們這裡來；我若去，就差他來。他既來了，就要叫世人為罪、為義、為審判，自己責備自己；為罪，是因他們不信我；為義，是因我往父那裡去，你們就不再見我；為審判，是因這世界的王受審判。約十六 7－11。

　　這段經文很多人認為：這保惠師是指三一神，位格之一的「聖靈」。如果是，那麼耶穌那個時代沒有聖靈工作？而且我們耶穌受洗時，聖靈已經降在他身上。並且在約三 34 中記著：神所差來的，就說神的話；因為神賜聖靈給他，是沒有限量的。因此，我們可以說，如果在耶穌時代沒有聖靈工作是不對的。

　　既然，聖靈在每個時代都在工作，那為什麼這裡主耶穌說，他不去，保惠師就不來？這裡很明顯地告訴我們，主耶穌如果不回去，這位保惠師就不來。那就證明，這位保惠師是與耶穌交接的。所以，有人認為：舊約是聖父時代，四福音是耶穌時代，從使徒行傳開始，一直到主再來，是聖靈時代。在生命起源不清楚，導致聖經越往後越說不清楚，大家都在瞎子摸象。瞎猜瞎蒙，猜對了或者是蒙對了，那完全是憑著機會。這樣的解經，或者傳道能正確嗎？他們所傳講的是道嗎？都是似是似非，誰也講不通。沒有弟兄姐妹反問，你們就覺得很對；如果有弟兄姐妹反問，自己又沒有辦法答覆，只能說：多讀經吧，多禱告吧！試想，自己都講不通，是"道"嗎？請同道同工們三思！為什麼經上告訴我們，要倒嚼、要慎思明辨！弟兄們，希望我們都會成為有智慧的人，不要成為愚昧人，人云亦云。

　　我們把話又說回來，既然他們講不通；那我們怎麼來理解這段經文呢？首先我們知道，主耶穌那時說的，事情還沒有發生，是主耶穌提前告訴門徒的。主耶穌說，他去與門徒有益處。我們完全相信，主耶穌不會作那些與我們沒有益處的事。那這個益處是什麼呢？照當時的門徒看來，是一件憂愁的事。因為與他們相處了三年多的先生，要離開他們而去，他們也不能再見他。不能再見到耶穌，這當然不是一件有益處的事情。但是，主耶穌說，我去是與你們有益。這個益處，門徒當時不明白，所以，也就談不上經歷了。但我們現在應該知道，主耶穌去，就差保惠師來。那這保惠師是誰？他帶給我們什麼？而且他比耶穌在門徒身邊更有益處？這話怎麼理解？帶著這些問題，我們逐一探討。

　　首先，這個保惠師是耶穌給我們的屬靈生命。為什麼這樣說呢？這個屬靈生命在耶穌裡面。在約一 4，生命在他裡頭，這生命就是人的光。耶穌從死裡復活以後，就成為末後的亞當，他成為叫人活的靈。林後十五 45。我們從聖經裡面看到，這個屬靈生命在主耶穌復活以後，向門徒吹氣，那個時候才成為現實。

　　說了這話，就向他們吹一口氣，說："你們受聖靈。你們赦免誰的罪，誰的罪就赦免了；你們留下誰的罪，誰的罪就留下了。"約二十 22－23。

　　在這裡我們看到，有了主耶穌基督的生命，就有了主耶穌基督給我們赦罪的權柄。這就是我們常說的重生，正如主耶穌與尼哥底母談重生時所說：

　　耶穌回答說：“我實實在在地告訴你，人若不重生，就不能見神的國。”尼哥底母說：“人已經老了，如何能重生呢？豈能再進母腹生出來嗎？”耶穌說：“我實實在在地告訴你，人若不是從水和聖靈生的，就不能進神的國。從肉身生的就是肉身，從靈生的，就是靈。我說：‘你們必須重生，’你不要以為希奇。風隨著意思吹，你聽見風的響聲，卻不曉得從那裡來，往那裡去；凡從聖靈生的，也是如此。”約三 3－8。

　　以上的經文告訴我們，屬靈的生命來源，是耶穌復活後重生我們。也就是耶穌復活後，成為叫人活的靈。屬靈生命是出於靈生，這裡的“水”是指道，不是指我們洗禮的水。可以這麼說：靈生、道生、耶穌復活後向我們吹氣。這裡順便提一下，現今時代在靈恩派裡面會經常看到，他們的傳道人經常會向弟兄姐妹吹氣，叫他們受聖靈；結果，我們會看到不少的人倒下，倒下的人，起來之後，是否得到聖靈，只有主耶穌知道？這裡筆者也不評論他們的是非，只提醒同道們注意，這種吹氣受聖靈，是否與耶穌復活後向門徒吹氣受聖靈一樣？

　　其次：保惠師帶給我們什麼？他來了，叫我們世人為罪、為義、為審判，自己責備自己。我們知道，世人都說自己仁慈，但忠信人誰能遇著呢？箴二十6。主耶穌說：我告訴你們，要快快地給他們伸冤了。然而人子來的時候，遇得見世上有信德嗎？路十八8。如果沒有保惠師，沒有人會為罪、為義、為審判，自己責備自己。若不是這位保惠師。誰能認為不信耶穌是罪呢？可以說，世上沒有一個人會這樣認為。下面是一樣的，沒有人會認為耶穌到父那裡去，是為義？也沒有人認為這世界的王要受審判？只有我們得到保惠師的同道們才會有這樣的經歷，保惠師帶給我們的是，使我們從世人的身份，改變為神兒子的身份。

　　其三：他比主耶穌當時在門徒身邊時，對門徒更有益處。這當怎麼解釋？我們來思想，當時的門徒，跟隨耶穌三年多，見過這麼多神跡，聽過這麼多的道，他們當時明白嗎？口頭答應耶穌是，我們明白了。其實，他們一點也不明白。那時的耶穌是在他們身邊，不是在他們裡面。他們隨時可以離開耶穌，耶穌也經常離開他們；而這保惠師的益處在那裡？這是主耶穌復活後，將他的生命賜給我們，是他的生命在我們裡面。試想，在我們裡面益處大，還是在我們身邊益處大？另外，經上告訴我們：

你們從前所受的恩膏常存在你們心裡，並不用人教訓你們，自有主的恩膏在凡事上教訓你們。這恩膏是真的，不是假的；你們要按這恩膏的教訓，住在主裡面。約壹二 27。

你們既聽見真理的道，就是那叫你們得救的福音，也信了基督，既然信他，就受了所應許的聖靈為印記。這聖靈是我們得基業的憑據（原文作"質"），直等到神之民（"民"原文作"產業"）被贖，使他的榮耀得著稱讚。弗一 13－14。

這個益處真是無法述說，太多了，僅僅這幾句，也夠我們享受無窮了。保惠師在我們裡面，他在凡事上教訓我們，他又是我們得將來基業的憑據。有這樣美好的應許，而且這種美好的應許，因著我們對主耶穌基督的相信，在我們身上已經成為現實。我們相信嗎？我們接受嗎？生命來源我們暫時探討到此，接下去我們繼續探討生命的類別。

第二篇：生命的類別。

　　什麼是生命的類別？也就是說生命的層面。我們知道，生命起源和生命類別的關係是什麼？生命起源是根，生命類別是脈絡。明白了根，清楚了脈絡，對生命才會全面認知。我們經常說，人的生命只有一次。這話是否正確？你如果說這話不正確，世人都公認。特別是交通部門，要人們注意交通安全，大肆宣揚，生命只有一次。如果說這話正確，將來的死人復活，非物質生命又當怎樣解釋？我們應該知道，物質生命在表像只有一次，這在理學上是講的通的，也是世人公認的。但對我們信主耶穌基督的同道同工們來說，這些充其量可以說是普遍真理，不是終極真理。

　　所以，我們傳道人最好不要用這些普遍真理來教導人，這些普遍真理，在聖經上說是世上的小學。經上記著：看你們學習的工夫，本該作師傅，誰知還得有人將神聖言小學的開端另教導你們，並且成了那必須吃奶，不能吃乾糧的人。凡只能吃奶的，都不熟練仁義的道理，因為他是嬰孩。惟獨長大成人的，才能吃乾糧，他們的心竅習練得通達，就能分辨好歹了。來五 12－14。你們要謹慎，恐怕有人用他的理學和虛空的妄言，不照著基督，乃照人間的遺傳和世上的小學，把你們擄去。西二 8。

　　我們應該明白終極真理，終極真理才叫 "道"。不明白終極真理的傳道人，不配稱謂："傳道人"。如經上所記：

　　你當竭力在神面前，得蒙喜悅，作無愧的工人，按著正意分解真理的道。提後二 15。為了更好明白生命的類別，（也可以說是生命的層面），現在我們先來看幾段聖經：

　　得著生命的，將要失喪生命；為我失喪生命的，將要得著生命。太十 39。

　　於是耶穌對他們說： "若有人要跟從我，就當舍己，背起他的十字架，來跟從我。因為凡要救自己生命的，（'生命' 或作 '靈魂' 下同。）必喪掉生命；凡為我喪掉生命，必得著生命。人若賺得全世界，賠上自己的生命，有什麼益處呢？人還能拿什麼換生命呢？”太十六 24－26。

於是叫眾人和門徒來，對他們說：“若有人要跟從我，就當舍已，背起他的十字架，來跟從我。因為凡要救自己生命的（‘生命’或作‘靈魂’下同。）必喪掉生命；凡為我和福音喪掉生命的，必救了生命。人若是賺得全世界，賠上自己的生命，有什麼益處呢？人還能拿什麼換生命呢？”可八 34－37。

耶穌又對眾人說：“若有人要跟從我，就當舍已，天天背起他的十字架來跟從我。因為凡要救自己生命的，（‘生命’或作‘靈魂’下同。）必喪掉生命；凡為我喪掉生命的，必救了生命。人若賺得全世界，卻喪了自己，賠上自己，有什麼益處呢？”路九 23－25。凡想要保全生命的，必喪掉生命；凡喪掉生命的，必救活生命。路十七 33。愛惜自己生命的，就失喪生命；在這世上恨惡自己生命的，就要保全生命到永生。約十二 25。

願賜平安的神親自使你們全然成聖。又願你們的靈與魂與身子得蒙保守，在我主耶穌基督降臨的時候，完全無可指摘。帖前五 23。

在這幾段經文中，我們看到的是，要跟從主，就要背十字架，並且還要喪掉生命。所以有人說，我們跟從主，就要付代價。這個代價是什麼呢？不但要背十字架，還要為主喪掉生命。如果在教會大遭逼迫時，這樣的激勵弟兄姐妹，看起來是有幫助的。

筆者在那個年代也曾經經歷過，不但這樣理解過，而且也這樣與弟兄姐妹互相激勵過。但現在仔細思想，好像經文用意與解釋不能完滿。為什麼這樣說呢？我們知道，聖經是對普世人說的，不是單單對我們受逼迫的人說的。現在資訊時代，在世界那個地方有逼迫，那個地方沒有逼迫，很快就都知道。而且那裡逼迫不是永遠的，一個時期逼迫，一個時期自由；永遠在變化的過程中。但聖經的話是永遠不改變的，所以片面的解釋是不完滿的。

接下去我們先舉一個例子：主耶穌吩咐我們背起十字架跟從他，背起十字架作什麼？當然像保羅說的：我已經與基督同釘十字架，現在活著的，不再是我，乃是基督在我裡面活著；並且我如今在肉身活著，是因信的兒子而活，他是愛我，為我舍已。加二 20。

　　凡屬基督耶穌的人，是已經把肉體連肉體的邪情私欲，同釘在十字架上了。加五 24。

　　但我斷不以別的誇口，只誇我們主耶穌基督的十字架，就我而論，世界已經釘在十字架上；就世界而論，我已經釘在十字架上。受割禮不受割禮都無關緊要，要緊的是作新造的人。加六 14/15。

　　既然背起十字架就是釘自己，我們可以試想，當時釘耶穌十字架的羅馬兵丁，不會要耶穌自己把自己釘在十字架上，他們在旁邊袖手，還指揮耶穌怎樣才可以釘在十字架上。他們是這樣嗎？他們不是這樣，他們來了很多的人，先把坑挖好，然後七手八腳地把耶穌釘在十字架上，再把耶穌與十字架一同豎起來，這是一個釘耶穌十字架的過程。照這過程，我們能將自己釘在十字架上嗎？人之常識，都知道自己不可能將自己釘上十字架上，就當能釘上，怎麼能夠豎立起來呢？所以背起十字架跟從主，把自己的肉身釘在十字架上，在理論上是講不通的，也是不現實的，這些經文按照字句是解釋不通的。

　　首先我們來看背起十字架，怎麼背？放在左肩還是右肩？十字架多大？用什麼材料？筆者 82 年曾經在四川西昌的一個山區裡面拜訪了一位弟兄，他說自己在夢裡見到了耶穌釘十字架，所以信了耶穌，那個年代資訊閉塞，特別是在山區，更談不上什麼資訊，沒有看到聖經，也沒有聽到過福音，他就自己在住房後面的一塊空地上，建了一個小房子，高度超過四米，又用木頭製作了一個四米高的十字架，放在這個屋子裡，這樣，他就認為自己已經信了耶穌。處於那個年代，和他所處的環境，我們也無可厚非。

　　然後，我們再來看釘十字架，如果十字架是釘物質的肉身，上面已經說過，我們是不可能的。但是有人會這樣理解，要保全自己的靈魂，就要喪掉肉身。理由很簡單，因為這個肉身是敗壞的，污穢不堪的，這就是釘十字架。所以，中世紀就產生了苦修。他們認為，用自己靈魂的意志，來將肉身治死。

　　但是現在有人認為：因為他們看到中世紀的苦修，沒有給他們帶來生命上的突破。不但沒有給他們帶來生命上的改變，反而沒有好的結局。所以，他們總結了教會這方面的歷史，也接受了這方面的教訓，他們得到了這樣一個理念。他們認為比中世紀的人進了一大步，他們認為。釘十字架不是釘肉身，乃是釘魂生命，只有每天背起十字架，就可以釘死魂生命。

有一篇很出名的講章，叫作：魂的破碎靈的出來。如果我們仔細的去推敲，就覺得又不能成立。就照著他們自己的說法，人有三元，靈魂可以操控身體。那靈能操控魂嗎？我們知道，人的始祖犯罪以後，罪就在我們裡面作王。這個靈是被魂轄制住，它根本沒有力量破碎魂，所以沒有一個人不犯罪，人想靠自己，絕對是沒有辦法不犯罪，所以更談不上用靈的力量破碎魂。他們好像說的很屬靈，也可以引用很多的經文，我們是靠主耶穌來破碎魂，讓靈出來，這話成立嗎？我們怎樣靠主耶穌來幫助我們破碎魂，讓靈出來？是一次、多次、還是一勞永逸？退一萬步來說，靈出來幹什麼？靈還是人的本身，是嗎？既然還是人的本身，我們能是神的兒子嗎？

聖經記著說：人有了神的兒子就有生命；沒有神的兒子就沒有生命。約壹五 12。

這就告訴我們必須有神兒子的生命，人有了神兒子的生命，將人的主權交給神兒子的生命，然後，凡事遵著神兒子生命的意思，才能打破魂。所以經上告誡我們，要住在主裡面。

不管這些照字句的人，還是他們說自己是講精意的人，他們為什麼講不通？我們知道，道是通的。如果我們說自己在講道，但講不通，那肯定是我們講的道有問題。為什麼這些人都會犯這樣的錯誤呢？究其原因，無非是這三條。

其一：是沒有弄明白生命的起源，或者是弄錯了。憑自己的口才，或是自己的知識，或者經歷，就接著大談特談生命之道，是非常危險的。其結果肯定是：瞎子領瞎子，兩個人都要掉在坑裡。太十五 14。

其二：是在不同的環境下，神興起他們作那個時代的工人，乃是服事那個時代的人，針對那個時代的需要。正如經上記著說：大衛在世的時候，遵行了神的旨意，就睡了（或作 "大衛按神的旨意服事了他那一世的人，就睡了。"）歸到他祖宗那裡，已見朽壞。徒十三 36。

　　這是我們這個時代最最遺憾的，沒有人想神將他興起，成為這個時代的工人，還像世人一樣，追隨古老的偉人，停留在祖宗的榮耀裡。殊不知，歷史的車輪是永遠向前，沒有往後。但是我們教會的傳道人卻要向後看，向後學習。在這裡筆者提醒與我一樣的傳道人，不要往後，我們要站在前人肩膀上，才會看到比前人更遠。不是把前人扛在自己的肩頭，然後招搖過市，矇騙弟兄姐妹。不要捧著過去的偉人不放，把自己困在某個宗派裡，隨後，隨著某個宗派的神壇一同被歷史的車輪碾碎，被主耶穌棄絕，扔進歷史的垃圾堆裡。

　　其三：是我們大家都知道，聖經是漸進式的，裡面的真理是逐漸打開的，所以在那個時代，神還沒有打開。隨著主耶穌基督二次再來的日子漸近，神就會將聖經裡面還沒有挖掘出來的真理，藉著他的僕人向我們打開。因此，我們要準備好新的皮袋，來盛裝新酒。

　　因為沒有明白生命的起源，當然也不清楚生命的類別。肯定會無法按著正意分解聖經，用自己的知識與口才並經歷來理解和述說。這樣，必然會引起更多無知的辯論。誰也不服誰，因為誰都一樣，講不通。既然他們講不通，那我們應當怎樣去理解呢？

　　我們如果想要明白，道理很簡單。如果很簡單，那麼他們為什麼不知道呢？因為他們不明白，該簡單時不簡單。不從簡單方面去想，老從複雜地方去研究，什麼希伯來文、希臘文、亞蘭文、古希伯來文、古亞蘭文、拉丁文、英文等等，除了這些語言以外，什麼什麼教父、什麼什麼偉人，每個宗派都有他們的名人，他們書上怎麼說。我們知道，聖經原文是希伯來文、希臘文。可是自認為是希伯來人的以色列人，難道他們不明白原文聖經嗎？當然不會。他們既然明白原文聖經，那他們又為什麼不信耶穌基督呢？豈不是天大的諷刺嗎？這樣說來，懂不懂原文聖經不是明白真理的主要原因，更不是關鍵。如果我們本末倒置，追末舍本，把簡單的道理弄成複雜，更理不清頭緒，就忽略了真理。

　　我們中國人有句話說：將簡單的事變複雜，這人是傻瓜。將複雜的事變簡單，這才是聰明的人。在這裡我希望那些聰明的人，別犯了聰明反被聰明誤。別中了撒但的詭計，從那些複雜的誤區裡面出來吧！

　　讓我們一起來用簡單的思維來理解吧！只要用簡單的思維去理解，正如經上說："我實在告訴你們，你們若不回轉，變成小孩子的樣式，斷不得進天國。所以，凡自己謙卑象這小孩子的，他在天國裡就是最大的。凡為我的名接待一個象這小孩子的，就是接待我。"太十八 3－5。只有象小孩子一樣的單純，才能對以上的經文有正確的解釋。經上記著：

　　正當那時，耶穌被聖靈感動就歡樂，說："父啊，天地的主，我感謝你！因為你將這些事向聰明通達人就藏起來，向嬰孩就顯出來。父啊，是的，因為你的美意本是如此。"路十 21。對他說："這些人所說的，你聽見嗎？"耶穌說："是的。經上說：'你從嬰孩和吃奶的口中，完全了讚美的話。'你們沒有念過嗎？"太二十一 16。

　　只有單純簡單地信靠，耶穌是信出來的，不是研究出來的。為了更好的解釋經文，我們不妨將經文中所記的生命進行分類。

　　1：物質生命。我們首先來探討的，第一個層面，當然也是物質生命。

　　接著來看幾段經文：你的手創造我，造就我的四肢百體；你還要毀滅我。求你紀念，製造我如團泥一般；你還要使我歸回塵土嗎？你不是倒出我來好像奶，使我凝結如同奶餅嗎？你以皮和肉為衣，給我穿上；用骨與筋，把我全體聯絡。你將生命和慈愛賜給我，你也眷顧保全我的心靈。伯十 8－12。

　　約伯被神的靈所默示，對神造人物質生命的認知，他說神的手創造他，造就他的四肢百體；又如同窰匠摶泥一般，製造瓦器一樣。所以他說：製造我如團泥一般，你還要使我歸回塵土，人的材料是塵土。又如同奶，凝結如奶餅。指身體帶有液體，而且這種液體還會凝結。以皮與肉為衣，用骨與筋，使人全體聯絡。用四肢百體、皮肉骨筋、液體凝結，來詮釋神造人的奇妙。

你為何使我出母胎呢？不如我當時氣絕，無人得見我。這樣，就如沒有我一般，一出母胎就被送入墳墓。我的日子不是甚少嗎？求你停手寬容我，叫我在往而不返之先，就是往黑暗和死蔭之地以先，可以稍得暢快。伯十 18－21。

這節經文是連接上文，物質生命除了上述的，四肢百體、皮肉骨筋、液體凝結之外，這裡提出了一個人看不見的元素，乃是"氣"。就是我具備了四肢百體、皮肉骨筋、液體凝結，物質生命還不等於就是活的。只要當時氣絕，物質生命就死亡。就會被送入墳墓，就會往而不返。但更可怕的是，就是往黑暗死蔭之地。

我的肺腑是你所造的；我在母腹中，你已覆庇我。我要稱謝你，因我受造奇妙可畏；你的作為奇妙，這是我心深知道的。我在暗中受造，在地的深處被聯絡；那時，我的形體並不向你隱藏。我未成形的體質，你的眼早已看見了；你所定的日子，我尚未度一日（或作"我被造的肢體尚未有其一"），你都寫在你的冊子上了。詩一三九 13－16。

這節經文是大衛被神的靈默示，對神造人物質生命的認知，他在約伯的認知上似乎更進一步。約伯是指人物質外面的形像，而大衛乃是指物質生命裡面的構造。約伯沒有提到肺腑，而大衛不但提到肺腑，更提到在母腹中，未成形的體質。不但如此，被造的肢體尚未有其一，神早就看到了，不但看到了，並且還記在冊子上。這是大衛心深知道的，在暗中被造，又因被造奇妙可畏，所以要稱謝造他的神，我們是否與大衛有同感呢？

你使人歸於塵土，說："你們世人要歸回。"在你看來，千年如已過的昨日，又如夜間的一更。你叫他們如水沖去；他們如睡一覺。早晨他們如生長的草，早晨發芽生長，晚上割下枯乾。我們因你的怒氣而消滅，因你的忿怒而驚惶。你將我們的罪孽擺在你面前，將我們的隱惡擺在你面光之中。我們經過的日子，都在你的震怒之下；我們度盡的年歲，好像一聲歎息。我們一生的年日是七十歲，若是強壯可到八十歲；但其中所矜誇的，不過是勞苦愁煩，轉眼成空，我們便如飛而去。詩九十 1－10。

　　這節經文是摩西被神的靈默示，對人生物質生命的總結，誰都逃脫不了的是，人必歸於塵土。人生在世如睡一覺，早晨發芽生長，晚上割下枯乾。我們經過的日子，因我們的罪孽和隱惡，所以都在神的震怒之下。度盡的年歲，快的不可思議，好像一聲歎息，物質生命一生就過去了。不管你是誰？君王、臣宰、將軍、富戶、平民、乞丐、一生所矜誇的，只有十二個字，勞苦愁煩，轉眼成空，如飛而去。

　　我又見日光之下，在審判之處有奸惡；在公義之處也有奸惡。我心裡說，神必審判義人和惡人，因為在那裡，各樣事務，一切工作，都有定時。我心裡說，這乃為世人的緣故，是神要試驗他們，使他們覺得自己不過象獸一樣。因為世人遭遇的，獸也遭遇，所遭遇的都是一樣；這個怎樣死，那個也怎樣死，氣息都是一樣。人不能強於獸，都是虛空。都歸一處，都是出於塵土，也都歸於塵土。誰知道人的靈是往上升，獸的魂是下入地呢？故此，我見人莫強如在他經營的事上喜樂，因為這是他分；他身後的事，誰能使他回來得見呢？傳三 16－22。

　　這段經文是傳道者所羅門被神的靈默示，所記述的。他指明日光之下充滿奸惡，審判之處有奸惡，公義之處有奸惡，奸惡是無處不在。只有在神那裡，他的審判才是公義，因為他審判義人和惡人。在物質生命看來，人和獸沒有區別。人遭遇的，獸也遭遇；都是一樣的死，氣息也是一樣，也都是一樣的歸於塵土，人不能強於獸。死後都不能回來，但人與獸最大的區別，世人不知道，只因他們無知。所以經上說：誰知道人的靈往上升，獸的魂下入地呢？

　　名譽強如美好的膏油；人死的日子，勝過人生的日子。往遭喪的家去，強如往宴樂的家去；因為死是眾人的結局，活人也必將這事放在心上。傳七 1－2。

　　這裡我們更加清楚，為什麼說人死的日子，勝過人生的日子呢？我們是否知道，上面已經提到，人生在世都在神的震怒之下，人生在世是受極重的勞苦，人生在世有安息嗎？沒有！安息兩個字，只有在人死了以後，在他的靈堂上可以看到。死了的人是歇了世上的勞苦，只有死了我們才可以進入另一個世界。也就是說，我們這個物質生命死了，我們才能與主耶穌基督同在，那才是安息。有一個怪現象，在教會裡面常常出現。我們都知道，這個物質生命一定會死去，人都會離開這個物質世界，我們信徒當然也不例外。與他們不同的是，經上記著：我聽見天上有聲音說："你要寫下：從今以後，在主裡面而死的有福了。"聖靈說："是的，他們息了自己的勞苦，作工的果效隨著他們。"啟十四 13。並且我們經常說，我們是有指望的，與主在一起是好的無比；天堂是何等的榮耀，何等地輝煌，極樂世界，享福永遠。但一當說到死，信徒就會害怕。不少教會就把某某人被神醫治，某某人得到神的恩典。我們知道，信的人有神跡隨著。教會的復興也需要神跡，離不開神跡。一個復興的教會是需要兩面的，一面是放膽講主的道，一面是神跡奇事奉主耶穌的名行出來。正如經上記著：

他們恐嚇我們，現在求主鑒察；一面叫你僕人大放膽量，講你的道，一面伸出你的手來醫治疾病，並且使神跡奇事因著你聖僕耶穌的名行出來（"僕"或作"子"）。徒四 29－30。

神跡奇事果然需要，與教會的復興是分不開的。但是我們要注意，不要本末倒置；喧賓奪主，把神跡奇事淩駕與主耶穌真道之上。我們要明白，神跡奇事是證實主的道。經上所記：

所以，我們當越發鄭重所聽見的道理，恐怕我們隨流失去。那借著天使所傳的話，既是確定的，凡干犯悖逆的，都受了該受的報應；我們若忽略這麼大的救恩，怎能逃罪呢？這救恩起先是主親自講的，後來是聽見的人給我們證實了。神又按自己的旨意，用神跡奇事，和百般的異能，並聖靈的恩賜，同他們作見證。來二 1－4。

但是我們也不要走向另一個極端，閉口不談神跡奇事，認為禱告無用論。正如有些傳道人，自己不但去羨慕屬靈的恩賜，反而竭力反對醫病趕鬼。

死是眾人的結局，可以說，無人不知，活人也必將這事放在心上。世人這樣認為，我們不會覺得希奇，上面提到過，教會的怪現象，也像世人一樣，好死不如賴活。在教堂裡，在小組裡，到處充斥著，怎樣保健；怎樣養生，吃什麼可以治病。好像這些弟兄或姐妹都是養生專家，保健專家。我們知道，生老病死，是人物質生命的自然規律。誰都不能違背這個規律，誰也沒有權柄來干涉這個規律。但我們知道，只有神才有這個權柄來干涉這個規律。所以，我們可以祈求神來干涉，施行神跡奇事。但我們也必須清楚，神可以干預這個自然規律，但神決不會毀壞他自己所設立的自然規律！

只有這個“死”，是最公平的，不但君王與乞丐一樣死，上面已經說過，人與獸無異。信徒今天的疾病得到了醫治，不代表他以後不會生病，更不能代表他永遠不死。我們知道，耶穌在世時，他在人身上所行的最大一件神跡，是叫死了四天，並且埋葬了，他稱為朋友的拉撒路從死裡復活。馬大說，主啊，他已經死了四天了，現在可能是臭了。約十一 39。這個神跡轟動了整個猶大地區，使當時很多的猶大人來追隨耶穌；也導致了法利賽人、文士、律法師們的嫉妒，他們商量，不但要殺耶穌，甚至也想將拉撒路一起殺掉。

有許多猶太人知道耶穌在那裡，就來了，不但是為耶穌的緣故，也是要看他從死裡復活的拉撒路。但祭司長商議連拉撒路也要殺了，因有好些猶太人，為拉撒路的緣故，回去信了耶穌。約十二 9－11。

雖然他們的計畫沒有完全實現，但最終還是借著猶太巡撫彼拉多來將耶穌釘十字架。但我們也知道，拉撒路現在還在嗎？答案是肯定的，不在。為什麼呢？他已經死掉了。他只有死掉，才能與主耶穌一起，才能享受幸福。他如果不死，能與主耶穌一起嗎？這是一個很簡單的道理。我們也是一樣，如果不死掉，怎麼能與主耶穌一起呢？怎麼能享受主的恩典呢？中國的老子曾經說過，朝聞道，夕死足矣。老子說的道，並不代表就是我們所信的道，他認為，早上聞道，晚上死了，就一生滿足了。可是我們現在的信徒，誰都知道，我們所信的是真道。既然知道了真道，為什麼還懼怕死？為什麼遠遠比不上老子的認知？原因在那裡？沒有真心相信！心裡沒有道！試想，心裡沒有道的人，與世人有什麼區別？

　　講一個最普通的例子：美國比中國富多少？這個答案按人而定。為什麼會吸引這麼多的福州人，拼著老命來偷渡。到了美國以後的生活，好與不好只有他自己知道，我們也無法來替他們評價。但是我們信徒都知道，將來與主同在的日子，和我們現在在世的日子，不可同日而語，不可相提並論；好到多少倍都無法描述。而且這不是按每個人而論，乃是真真實實的。既然這麼好，我們信徒為什麼不願意去呢？家裡一個人去了，不是歡歡喜喜地相送，乃是與沒有指望的世人一樣，生離死別。試想，福州人偷渡美國，他們的家人是歡喜相送，還是生離死別？如果是生離死別，他們完全可以放棄偷渡；這個主動權還在他們自己的手中。我們應該知道，物質生命都要死，誰也沒有這個主動權，而且這是規律，必須要死；誰也無法逃避。在這樣一個現實中，我們是有指望的人，為什麼還象沒有指望的人一樣呢？難道不覺得奇怪嗎？我們的信心在那裡呢？弟兄姐妹三思！

　　現在我們再來看"死"。因為死是眾人的結局。這句話是普遍真理；不是終極真理。我們知道，普遍真理不是"道"。傳道人所傳的道，必須是終極真理；只有明白終極真理，那才叫作"道"。那什麼才是終極真理呢？

　　經上記著：按著定命，人人都有一死，死後且有審判。來九 27。終極真理是，死後且有審判。不管你是誰，死了不是結局，是物質生命的結局。物質生命的結局，恰恰是非物質生命進入另一個世界的開始。不明白這一點，就不明白道。在人看來，物質生命是短暫的，非物質生命是永遠的。終極真理是：物質生命將來還要復活，而且仍然與非物質生命結合，一同進入永世。物質生命的復活，信與不信都要復活，信者進入永生，與神、主耶穌基督一同享受將來的榮耀。不信者進入永死，也就是永遠刑罰，與魔鬼、假先知一同永遠受苦。

　　正如經上記著：所以，我們不喪膽。外體雖然毀壞，內心卻一天新似一天。我們這至暫至輕的苦楚，要為我們成就極重無比、永遠的榮耀。原來我們不是顧念所見的，乃是顧念所不見的；因為所見的是暫時的，所不見的是永遠的。林後四 16－18。

所以，我們是顧念所見的，還是顧念所不見的？追求所見的還是追求所不見的？所見的是普遍真理，所不見的才是終極真理。所見的是暫時的，所不見的是永遠的；也就是說，所見的不是道，所不見的才是道。下面經文又告訴我們：

你趁著年幼，衰敗的日子尚未來到，就是你所說，我毫無喜樂的那些年日未臨近之先，當紀念造你的主。不要等到日頭、光明、月亮、星宿變為黑暗，雨後雲彩反回，看守房屋的發顫，有力的屈身，推磨的稀少就止息，從窗戶往外看的都昏暗；街門關閉，推磨的響聲微小，雀鳥一叫，人就起來，唱歌的女子，也都衰微。人怕高處，路上有驚慌，杏樹開花，蚱蜢成為重擔，人所願的也都廢掉，因為人歸他永遠的家，弔喪的在街上往來；銀鏈折斷，金罐破裂，瓶子在泉旁損壞，水輪在井口破爛。塵土仍歸於土，靈仍歸於賜靈的神。傳道者說：“虛空的虛空，凡事都是虛空。”傳十二 1 －8。

這段經文是勉勵我們應該趁著年幼，來紀念造我們的主。不要等到衰敗年老的時候，經常會有人這樣說，我現在還年輕，不能信耶穌；到我年老時，再信耶穌吧！我們知道，人生有很多事自己都不知道。現在我也不多說，有兩件事所有的人，不但不知道。就是你知道也沒有能力，使這兩件事情不會發生在你身上。

一件事是：主耶穌來的日子，沒有人知道！另外一件是：誰能知道自己那一天死！經上說：你們哪一個能用思慮使壽數多加一刻呢？（或作“使身量多加一肘呢？”）太五 27。這兩件事誰都無法解決，所以，我們應當早日來信這位耶穌基督，使他成為我們個人的救主！不用再等了，主來的日子近了，墳墓離我們也越來越近了。抓住機會，因為機會很快就會過去。稍縱即逝，不會永遠等你。回來吧！回來吧！

又對一個人說：“跟從我來！”那人說：“主，容我先回去埋葬我的父親。”耶穌說：“任憑死人埋葬他們的死人，你只管去傳揚神國的道。”路九 59－60。

這段經文對我們來說，主耶穌基督是否有點不近人情。他這個門徒，我們雖然不知道他是誰？但我們總覺得很同情這個門徒的處境。試想，如果這個門徒是我或者是你，家裡的老父親去世，自己告訴耶穌，請耶穌給我們幾天假，回去先埋葬了父親，再來跟從他。這個要求可以說沒有過分，就是人世間所有的老闆都同意的。沒有一個老闆不同意，這是人之常情。就是在戰場上，部隊的首長也會同意你回去，先節哀，埋葬了父親，及時回來。

我們竟想不到慈愛的主耶穌基督會這樣狠心，不讓他的門徒回去埋葬父親。如果我們局限於文字，你就會越來越麻煩。我們知道，主耶穌知道萬人的心。這裡嘗試一下上下文的意思，上文是有一個人對耶穌說，你無論到那裡，我都跟從你。耶穌沒有回答他可以，或者不可以。乃是說，狐狸有洞，天上的飛鳥有窩，只是人子沒有枕頭的地方。耶穌說了這句話，那個人就沒有回音了，既然沒有回音，肯定是不願意跟從主了。這個人不願意了，接下去我們就看到主耶穌對另外一個人說，跟從我來。這個人看到剛才一幕，前一個人本來說自己要跟從耶穌，無論到那裡，都願意跟從。但耶穌一說，狐狸有洞，天上飛鳥有窩，人子沒有枕頭的地方。意味著主耶穌的意思是，世界之大，但沒有他容身的地方。他一聽這樣，與他心裡所想的落差太大，所以，他馬上就打退堂鼓，不吱聲了。他一不吱聲，後面兩個人的心思馬上就會產生變化。因為他們三個人都不是真心要跟從耶穌。

所以，耶穌會對他這樣說，任憑死人埋葬他們的死人，你只管跟從我。下面這個人一聽耶穌招呼他，他的回答是什麼，他說，容我回去辭別家裡的人。耶穌答應了沒有？同樣不答應。這就是告訴我們，想發熱心跟從主的人，一碰到環境就回去了。但主耶穌呼召的人，如彼得、約翰、安得烈、雅各、馬太等使徒都是回應呼召。但不願意聽從耶穌呼召的人，當然會製造很多的理由。俗語也是這樣說，主觀不努力，客觀找原因。物質生命我們暫時探討到這裡。接下去我們再來探討非物質生命。

2：非物生命。我們來看聖經：

神造萬物，各按其時，成為美好；又將永生安置在世人心裡

（“永生”原文作“永遠”）。然而神從始至終的作為，人不能參透。傳三 11。

這節經文也可算聖經難題之一，教會和神學中不但有不少相同的見解，更有不同的翻譯。現在我們先來看改革宗的“新譯本”。

其一：改革宗翻譯和解釋。

改革宗的翻譯：11：他使萬事各按其時，成為美好；他又把永恆的意識放在人的心裡；雖然這樣，人還是不能察覺神自始至終的作為。

改革宗的解釋：3：11：永恆：這個希伯來詞在 14 節譯作（永存），並在 11 節解作（自始至終）。生命短暫的人沒有透視永恆之利，雖知道歷史悠長，卻不能看通事情的底蘊。見（大問答）135。改革宗認為：神把永恆的意識放在人的心裡，這個永恆在希伯來文也可以譯作“永存”。雖然人有永恆或者永存的意識，但生命的短暫使人沒有透視永恆之利。雖然知道歷史悠長，卻不能看通事情的底蘊。

其二：恢復版的翻譯和解釋。

恢復本的翻譯：11：神造萬物，各按其時成為美好，又將永遠安置在世人心裡。這裡他們的翻譯與和合本文字的差距不大，只將關鍵一個詞改動一下。和合本的“永生”，他們譯為“永遠”。他們的翻譯雖然差距不大，一字之差，整個含義就不一樣了。現在我們先不管他們的翻譯如何，先來看看他們是怎樣解釋的：

恢復版的解釋：十一 1：（神所栽種，歷代以來就在運行一種要有目的的感覺；日光之下，除神以外，別無什麼可以滿足這感覺。）（the Amplificd Bible，擴大本聖經。）神按著自己的形像創造人，並在人裡面造了靈，使人能接受他並盛裝他。（創一 26 註 3，二 7 與註 5。）此外，神將永遠（就是對永遠之事的渴望）安置在人的心裡，使人尋求神這位永遠者。因此，短暫的事物不能滿足人，惟有永遠的神，就是基督，能滿足人心深處要有目的的感覺。（參林後四 18。）見歌一 4 註 1。他們認為，神在人裡面造了靈，使人能接受他並盛裝他。此外，神將永遠（就是對永遠之事的渴望）安置在人心裡。

就是說，人裡面的靈與這個對永遠之事的渴望是分開的，因為，他們用了此外二字。永遠的渴望安置在人的心裡，照他們的說法，永遠的渴望不是在靈裡，那應該是在魂裡。可是據他們的魂的解釋，魂只具備心思、情感、意志。有心理的知覺，能接觸心理的範圍。那麼這個對永遠的渴望在心裡，既不是靈的範疇，也可以說不是魂的範疇。請問召會的同道同工們，這個永遠的渴望究竟安置在那裡？

改革宗與恢復本的召會在這個方面可以說基本差不多，改革宗認為是永恆的意識，恢復本的解釋是永遠之事的渴望。他們兩個不同的宗派，誰對誰錯，還是沒有對錯。我們大家思想吧。現在我們將他們的見解先放一邊，然後，我們按照和合本聖經所記的，進行探討。

其三：聖經的解釋；

和合本聖經所記：三 11：神造萬物，各按其時，成為美好，又將永生安置在世人心裡。我們知道，神所造萬物，各按其時，所有的動物和植物、飛鳥、和海裡的魚。在不同的氣候，不同的環境生存，而且世世代代繁衍不息。自然界如此美麗，生物鏈如此之美好。這樣美好的自然界萬物，神都是為人所預備。神不但將這麼美好的萬物賜給人，又將永生安置在世人心裡。這個"永生"二字，不管是他們翻譯成永恆，或者永遠，都沒有關係。關鍵是"安置"，我們知道，安置在人的心裡。安置是實在的，好像結構一樣，不是意識，也不是渴望。所以，永生、永恆、永遠，如果照二元論解釋，應該是指非物質生命。如果照三元論解釋，那它就是指靈，因為非物質生命是永遠的、永恆的、也就是說永生。所以說，神不但造了物質生命，也造了非物質生命。而且這個非物質生命是永遠存在的，是永恆的，是永遠不會死的。這個永生，就是永遠的生命。也就是我們所說的非物質生命。我們再用一節經文來佐證：

鋪張諸天，建立地基，造人裡面之靈的耶和華說。亞十二 1。這裡我們看到，人不是與天地並重，我們應該知道，神造天是為了大地，沒有諸天，大地掛在那裡？神為了使大地能懸掛在空中，才創造了天。所以先造天，天是包括了所有的星球；然後造大地，大地包括了在地上生存的萬物，天地萬物都造齊了。神開始造人，神造天地是為人，不是人為天地而造。因此，我們看到神是多麼地愛人啊！上面說過，人看人是物質生命為主體，但神看我們是裡面的非物質生命為主體。所以，在神的眼光裡，靈就是人的主體。

我們接下去看下面的經文，應該怎麼解釋：

於是叫眾人和門徒來，對他們說："若有人要跟從我，就當舍已，背起他的十字架，來跟從我。因為凡要救自己生命的（"生命"或作"靈魂"下同），必喪掉生命；凡為我和福音喪掉生命的，必救了生命。人就是賺得全世界，賠上自己的生命，有什麼益處呢？人還能拿什麼換生命呢？"可八 34－38。

耶穌又對眾人說："若有人要跟從我，就當舍已，天天背起他的十字架來跟從我。因為凡要救自己生命的（"生命"或作"靈魂"下同。），必喪掉生命；凡為我喪掉生命的，必救了生命。人若賺得全世界，卻喪了自己，賠上自己，有什麼益處呢？"路九 23－26。

這兩段經文記載幾乎是相同的，因為他們被稱謂：符類福音。這兩段經文有人認為我們作主耶穌的門徒，必須完全捨棄追求自我成就、安逸、聲望和權力這些自然的訴求。恢復版本解釋，認為舍己的"已"與心思、魂生命這三個名詞是相關的，心思是已的發表，已是魂生命的具體表現，魂生命具體表現在已裡面，並借著已活出來，而已又借著心思、思想、觀念和意見發表出來。必須否認已，並且不要救魂生命。喪失魂生命乃是否認已的實際，這就是背起十字架。十字架不僅是受苦，也是殺死。十字架殺死並了結罪。基督是先背十字架，然後釘十字架；今天我們這些信他的人，是先與他同釘十字架，然後背十字架。對我們來說，背十字架乃是留在基督之死的殺死裡。以了結我們的已、天然生命和舊人。我們這樣作就是否認已，使我們能跟從主。在主釘十字架之前，門徒是在外面跟從他。但從他復活以後，我們是從裡面跟從他。因為他在復活裡已經成了賜生命的靈（林前十五 45），住在我們的靈裡（提後四22），我們就能在靈裡跟從他。路九 24－25 用“自己”頂替“魂生命”，指明我們的魂生命就是我們自己。

　　如果我們不明白，就來看他們的解釋，真是越來越糊塗，他們一會認為魂是包括：心思、情感、意志組成。這裡又說，心思、已、魂生命三個名詞相關。心思是魂的一部分，還是和魂並列的？他們既然是主張三元論，人具備靈、魂、體，但他們這裡又講到我們的已、天然生命和舊人。這裡的已、天然生命和舊人，是屬乎三元中的那部分？又說魂生命就是我們自己，那天然生命和舊人是指什麼？請召會的同道們三思！

　　上面我們已經提到過，在這裡我們再探討一下。這裡記載當時的背景，是耶穌與眾人和門徒講話。耶穌對他們說，跟從耶穌的就當舍已，背起他的十字架，為什麼要舍已？又為什麼要背起十字架？在路加福音裡記載的不光是背十字架，而且要天天背十字架。原因在那裡呢？因為想救自己生命的，必喪掉生命。凡為耶穌的緣故，喪掉生命的，必救了生命。賺了全世界，賠了生命，有什麼益處呢？人還能拿什麼換生命呢？這裡所講的是指一種生命，或者是指兩種類別的生命？（也可以說是兩種不同層面的生命）。

　　我們先從經文開始逐句探討，因為凡要救自己生命的，這生命二字或作靈魂。既然是指靈魂，那麼這裡的生命二字，當然不會是指物質生命。如果不是指物質生命，那就是指非物質生命了。下一句說，必喪掉生命。想要救自己非物質生命的人，必定會喪掉非物質生命。這裡的正意解釋，應該是說，人想靠自己的能力，或者方法，想拯救自己的靈魂，必定會喪掉靈魂，也就是非物質生命。凡為主耶穌的緣故，將自己的邪情私欲都與主耶穌同釘在十字架上。這就是喪掉非物質生命，喪掉非物質生命，這就是與耶穌同死、同埋葬、同復活。既然與主耶穌同死，也就必與主同復活。與主耶穌一同復活，這就是救了生命。人的道理是先生後死，十字架的道理，就是先死後生，先羞辱後榮耀。

　　神的道是活潑的，是有功效的，比一切兩刃的劍更快，甚至魂與靈，骨節與骨髓，都能刺入、剖開，連心中的思念和主意都能辨明。並且被造的，沒有一樣在他面前不顯然的；原來萬物，在那與我們有關係的主眼前，都是赤露敞開的。來四 12－13。

　　這裡的經文告訴我們的是：不是三元論和二元論的問題，乃是告訴我們神的道是活潑的，它活潑到什麼程度呢？雖然它不是劍，卻比一切兩刃的劍更快。最快的劍也只能刺透物質東西，而神的道不但能刺透物質東西，連那非物質的東西也都能刺透。它不光是刺透，還要剖開，還能辨明，不但只有辨明，所有的萬物，被造之物，不管是物質生命，或者非物質生命，在那與我們有關係的主面前，都是赤露敞開的。這裡如果照三元論的解釋，確實是牽強附會。他們認為：骨節與骨髓是物質生命，也就是說身體；魂與靈，就不用解釋。其實這樣的解釋是非常不負責任的，後面經文為什麼不讀？後面經文說，連心中的思念與主意都能辨明。這思念和主意是靈的功能還是魂的功能？或者說兩者都不是？我們大家都知道，這裡說到骨節與骨髓，不是指兩個層面，乃是指骨節與骨髓的關係，二者密不可分。魂與靈也是一樣，它們之間的關係是密不可分。不同者，一是指物質，一是指非物質。在這平衡的句子中，為什麼骨節與骨髓不是指兩樣東西？卻把它們連為一體？認為骨節與骨髓是指物質生命，人的肉體。但一碰上魂和靈，就馬上把它們分開，為什麼不像骨節與骨髓一樣，成為一個？請三元論的同道同工們三思！

　　所以你們要脫去一切的污穢和盈餘的邪惡，存溫柔的心領受那所栽種的道，就是能救你們靈魂的道。雅一 21。這節經文我們可以清楚地知道，乃是勸勉我們要脫去一切的污穢和盈餘的邪惡，存溫柔的心領受所栽種的道。這個道是什麼呢？就是能救你們靈魂的道。　　你們雖然沒有見過他，卻是愛他；如今雖不得看見，卻因信他就有說不出來、滿有榮光的大喜樂；並且得著你們信心的果效，就是靈魂的救恩。彼前一 8－9。

　　這節經文告訴我們雖然沒有見過主耶穌，但我們卻是愛主耶穌；如今我們雖然不得看到主耶穌，卻因信他，我們就會有說不出來，並且滿有榮光的大喜樂；只要我們滿有榮光，就會有大喜樂。

有大喜樂的人，就會得著信心的果效，這個果效是什麼？就是我們靈魂的救恩。非物質生命我們探討到這裡，接下去我們繼續探討屬靈生命。

　　3：屬靈生命。

　　耶和華神用地上的塵土造人，將生氣吹在他鼻孔裡，他就成了有靈的活人，名叫亞當。創二 7。這節經文我們上面已經很詳細的探討過，在這裡筆者再提一下。我們知道，耶和華神用地上的塵土造人；這個人已經完備了。不管三元論還是二元論，這個人已經有物質生命和非物質生命，靈魂和身體或者靈、魂、體都完備了。只是與神的關係，是創造主與被造物的關係。第二句話，將生氣吹在他鼻孔裡，這是神本身出來的，進入人的鼻孔裡。這生氣就是神自己的“靈”，或者“生命”。人有了神的“靈”或者“生命”，神與人的關係就改變了。第三句話就說，他就成了有靈的活人。這個有“靈”的“活”人，這個“靈”不是指人靈魂體的靈，這個“活”人，也不是指我們物質生命活著的活。這個“靈”字也可以指神的生命，人有了神的“靈”或者生命，神與人的關係就改變了，神與人的關係不再是創造主與被造物的關係，乃是父親與兒子的關係；所以亞當稱為神的兒子。人憑著什麼稱為神的兒子？人必須具備有從神那邊而來的生氣，或者“靈”、“生命”，這就是我們所說的屬靈生命。從這一節經文中，我們可以看到，物質生命、非物質生命、屬靈的生命。我們與不信的人不同的地方，不是物質生命、非物質生命，這些不信的人也具備；可是他們沒有屬靈生命，他們不但沒有屬靈生命，他們連聽都沒有聽過，所以他們不是神的兒子。我們有了屬靈生命，就可以理直氣壯地說，我們是神的兒子。經上告訴我們：

　　這等人不是從血氣生的，不是從情欲生的，也不是從人意生的，乃是從神生的。約一 13。屬血氣、情欲、人意生的，這些都是從肉身生的；從肉身生的，就是肉身，這是眾所周知的，我們不用多說。但是神的兒子當然不是從血氣生的，不是從情欲生的，也不是從人意生的，乃是從神生的。聖經說的很清楚，我們若不是從神生的，我們能是神的兒子嗎？有人認為我們靈的重生，我們的靈怎麼重生呢？這裡說的很明白，從神生的才是神的兒子。神不會生我們的靈？上面說過，我們的靈魂體，都是神所創造的，不是從神生出來的。顯然，這樣的理解是不符合聖經的。既然不是重生我們的靈，那我們怎樣才是從神生的呢？

耶穌回答說："我實實在在地告訴你，人若不重生，就不能見神的國。"尼哥底母說："人已經老了，如何能重生呢？豈能再從母腹生出來嗎？"耶穌說："我實實在在地告訴你，人若不是從水和聖靈生的，就不能進神的國。從肉身生的，就是肉身；從靈生的，就是靈。我說，'你們必須重生'你不要以為希奇。風隨著意思吹，你聽見風的響聲，卻不曉得從那裡來，往那裡去；凡從聖靈生的，也是如此。"尼哥底母問他說："怎能有這事呢？"耶穌回答說："你是以色列人的先生，還不明白這事嗎？"約三 3－10。

其一：改革宗對重生的解釋。

這段經文是比較難解釋，我們來看一下改革宗的版本。新譯本的翻譯相差不大，所以，也就不用摘錄。雖然不摘錄他們翻譯的經文，但我們還是看一下他們的解釋。3：3：人若不重生："重"的希臘文，也可譯作"從上面"。這個意思與下文 12 節討論"地上"和"天上"的事十分吻合，與 13 節耶穌談到上去下來的脈絡也很配合。在本福音書的其他地方，也是這樣理解的（19：11、23）.不過，在一段意思相似的經文裡（多 3：5），保羅用了另一個清楚是指（重生）的希臘字來描述聖靈賜新生命的工作，這卻支持耶穌在約 3：3 是指（重生）的理解。有可能耶穌是語帶相關，為了暗示既是新生，也是從上面而生。這個文字上的含糊，先是引起了尼哥底母的誤解（4 節），又引發了餘下的討論。見本書 3 章（重生與新生）一文。另見（西敏宣言）10：3。

3：5－8：見（海德堡問答）70。

3：5：從水和聖靈生的；這句令人費解的片語引發了許多討論，和不同的解法。（1）此處的（水）指女人生產時的羊水。但聖經其他地方沒有這個解法。（2）（水）指基督教洗禮的水。可是，那時洗禮的禮儀還未制定，這個解法對尼哥底母來說是沒有意思的。（3）（水）是暗指某些舊約經文，（水）和（靈）連在一起，表達神的靈在末後或末世的日子傾注而出（例：賽 32：15，44：3；結 36：25－27；另見來 7 章 "時代的劃分" 一文）。這些舊約的豐富圖像，可以解釋耶穌為何在 10 節責備尼哥底母。（4）（水）是指約翰的洗禮。和基督教的洗禮一樣，約翰的洗禮象徵洗除罪惡。這種潔淨，可以與詩 51：7－12（參多 3：5）聖靈正面的更新工作配合在一起，而舊約也提及在末後的日子水和神的靈一同沛然而降（見上文）。這個觀點最能與舊約對應，也與 1 章和 3 章提到施洗約翰的事件吻合。

再摘錄他們的（重生與新生）：（我必須重生嗎）？

在改革宗神學中，"重生" 是個專用名詞，意思是神更新一個人，把新的渴望、目標、道德能力注入人的心裡，使人正面回應基督的福音。神學家所用 "重生" 一詞語的希臘文（palingenesis），在聖經中只出現過兩次。在馬太福音第十九章 28 節，耶穌提到他第二次來臨時萬物要被 "更新"，用的正是這個詞。在此，這個詞語指宇宙萬物（第二次的創造）或（第二次的開始），而非神學名詞 "重生" 一般所指個人生命的更新。其次，保羅把洗禮形容為（重生的洗）（多 3：5）.雖然有些人把這看作是耶穌再來時所要完成的天地的重新創造，但根據傳統的理解，保羅是指受洗者個人的重生。至於這專有名詞的用法，神學家採納了後者的用意。

耶穌把這概念教導尼哥底母，說："人若不重生，就不能見神的國"（約 3：3），指出所需要改變的深度，即使是敬虔的猶太人，他們若要得到永生，也要經歷這種改變。這裡 "重生" 的希臘文用了另一個字，可譯作 "從上面生"（見約 3；3 註）。耶穌心目中很可能包含這兩個意思。一方面，死在罪中的人需要借著所謂的 "屬靈的生" 得著新生命，所以從某個意義來說，他們經歷了第二次的生。另一方面，正如耶穌從天上來（約 3：13），進他國度的人也必須領受在天上之父所賜的生命（約 3：3、7）.約翰也在其他經文指出，我們必須 "從神生"（約 1：13；約壹 3：9，4：7，5：1、4、

18）.這個新生由聖靈賜予（約 3：8），讓人對神的事情充滿朝氣，又賜給他們服事基督的新生命。

不管怎樣，我們對重生的理解，與新約中新創造的概念非常相似。新創造是基督帶來的客觀事實。當人相信基督而與他結連，他們就成為新創造的一部分（林後 5：17）。與耶穌談及宇宙的重生“更新”大致相似（太 19：28），我們也可以談及那些在基督裡的人個人的“重生”（即再生）。改革宗神學的重生觀念，至少在兩方面有別於其他立場。首先，古典羅馬天主教教義主張，重生是在洗禮時發生，這個觀點叫做“洗禮的重生”。改革宗神學卻堅決認為，重生可以在一個人生命中的任何時段發生，甚至在母腹裡發生（西敏宣言 10，3）。它不是因洗禮而自動產生的結果（西敏宣言 28，1、6）。其次，教會中的許多其他福音派也常提到，人藉著悔改、相信而得以重生（即是說，人惟有在履行得救的信心後，才能夠重生）。相反，改革宗神學認為，由於原罪和完全墮落的緣故，所有人都喪失了履行得救之信心的道德能力。因此，重生是先於悔改和得救之信心。若不重生，我們甚至不能見神的國（約 3：3）.當我們從神生，我們就有相信基督和跟從基督的能力。重生完全是聖靈這位神的工作，是我們無法靠自己的方法得到的。唯有神使蒙揀選的人從靈性的死亡中復活，得享在基督裡的新生命（弗 2：1－10）.重生是神的奇妙工作，使我們自覺、刻意、積極地相信基督。

其二：恢復版對重生的解釋：

3：1：或，從上頭生。後文同。重生也是從上頭（天上）生，亦即從天上的神而生。

3：2：在屬靈的事上，看見就是進入。（5）。

3：3：神的國就是神的掌權，這是一個神聖的範圍，人必須有神的生命才能進入。只有神的生命才能領悟神的事物。因此，要看見或進入神的國，需要有神的生命所重生。

5：1：直譯，出於。

5：2：尼哥底母對“水和靈”這話，應該很清楚，無需任何解釋。施浸者約翰在太三 11，對法利賽人說過同樣的話。尼哥底母是個法利賽人，他來與主談話，主就說他所熟悉的話。水是施浸者約翰職事的中心觀念，是要了結在舊造裡的人；靈是耶穌職事的中心觀念，是要使人在新造裡有新生的起頭。這兩個主要觀念擺在一起，就是重生的完整意義。重生乃是了結舊造的人及其所作所為，並在新造裡，以神的生命使人得著新生的起頭。

　　6：1：直譯，出於。

　　6：2：這裡的第一個靈是神聖的靈，就是神的聖靈；第二個靈是人的靈，就是人重生的靈。重生乃是神的聖靈在人的靈裡，用神的生命，就是永遠、非受造生命所完成的。因此，重生就是人在天然的生命之外，得著人永遠的生命，作為新人的新源頭和新元素。

　　8：1：原文，風與靈同字。究竟意思是風還是靈，要看上下文而定。這裡下文說到吹，又說到聽見響聲，指明這是風。重生的人象風一樣，人可以認出，卻無法理解，仍是一個事實，一個實際。

　　這裡我們是否注意到，6：2：第一個靈是神聖的靈，就是神的聖靈；第二個靈是人的靈，就是人重生的靈。重生乃是神的聖靈在人的靈裡，用神的生命，就是非受造生命所完成的。因此，他們認為：神的靈在我們的靈裡，就是與人的靈複合，調和，然後，經過神生機救恩的八步，達到神成為人，人稱為神。按照他們的講法，（神“源”）——（話成了肉體“泉”）——十字架釘死——（復活成了賜生命的靈“川”）——進入接受之人的靈裡——經過神生機救恩的八步（重生，牧養，聖化，更新，變化，建造，模成，得榮）達到了神成為人，人成為神。這是在洛杉磯蒙市召會發佈的宣傳單。

　　請問：神的聖靈在人的靈裡，怎樣會成為人重生的靈？正如他們認為，神的生氣吹入亞當鼻孔裡，就成為亞當的靈。試想，亞當有什麼能力使神的靈成為他的靈？如今他們認為，神的靈進入接受之人的靈裡，進行複合，調和。然後，再經過神救恩生機的八步，神成為人，人稱為神！原來，神成為人和人稱為神所需要的步驟是一樣的，你說希奇不希奇？真是獨一無二，極峰的真理？說到這裡，召會的錯誤在那裡？不是在那靈。那靈是指主耶穌復活後，末後的亞當成了叫人活的靈。在這個角度來看，耶穌是成了賜生命給信他之人的靈。所以，發現那靈，不是錯誤，是他們比傳統教會進步。他們錯誤的認知，是建立在他們對生命起源和生命類別的無知，導致錯誤地認為：非物質的靈界生命與物質的生命調和、複合。

其一：在創六 1－4。他們認為神的兒子是指墮落天使，墮落天使與人的女子交合，就生下了偉人。墮落天使與人的女子能生下偉人來？還參考民十三 32－33：探子中有人論到所窺探之地，向以色列人報惡信，說："我們所窺探經過之地，是吞吃居民之地，我們在那裡所看見的人民，都身量高大。我們在那裡看見亞納族人，就是偉人，他們是偉人的後裔。據我們看自己就如蚱蜢一樣，據他們看我們也是如此。" 這樣的解釋成立嗎？亞納族人與創世記六章的偉人有關係嗎？眾所周知，創世記六章的偉人，洪水時代全部淹死了，他們不會有後裔傳留于世？難道他們不知道嗎？他們既然知道，那又為什麼參考這段經文呢？想必他們認為：既然創世記六章魔鬼與人的女子交合，生下偉人，開了先河。因此，每個時代都會發生。如果這個認知正確，那麼現在有沒有魔鬼與婦人交合，生下偉人來？有。那世人肯定知道。沒有。那怎麼解釋：是現時代的魔鬼改良了？還是壓根就沒有？

其二：在這樣的論點支持下，就出來了耶穌復活的靈進入信他之人的靈裡，神的靈與人的靈複合，調和。然後，達到救恩生機的八步，最終目的神成為人，人成為神！神的靈與我們的靈不是同一個層面，他們能調和嗎？在調和期間，信徒裡面的靈是人，還是神？是不是成了不是人，也不是神，因為他們互相調和，是一個複合的靈。既然這個時候信徒裡面的靈是複合體，那麼信徒的一切言行都由這個複合的靈來指揮，也應該是這個複合的靈來承擔一切後果與責任。在這個調和期間，要達到神救恩生機的八步，然後到最終目的。試問：在沒有到達八步生機前，這個信徒離開了世界，或者主耶穌基督再來，那時，這樣的信徒是個什麼樣的境況？是人？是神？二者都不是？請注意！主耶穌是神人二性，是完全的人，也是完全的神！他不是神與人複合的。耶穌基督都不是複合、調和，召會的信徒能。豈不怪哉！神與人是不能複合、調和的，在不同的層面或位格存在。所以經上告訴我們：

順著聖靈撒種的，就從聖靈收永生，順著情欲撒種的，必從情欲收敗壞。加六8。

神的靈（生命）在我們裡面，不是複合，也不是調和，我們要順從他的引導。筆者已經把召會的致命錯誤告訴你們，請召會的同道們三思！再執迷不悟，到成為神時，就無法悔改了！也就無可救藥了！親愛的召會同道們，回轉吧！回轉吧！現在我們接上文，繼續探討。

馬大對耶穌說：“主啊，你若早在這裡，我兄弟必不死。就是現在，我也知道，你無論向神求什麼，神也必賜給你。”耶穌說：“你兄弟必然復活。”馬大說：“我知道在末日復活的時候，他必復活。”耶穌對他說：“復活在我，生命也在我，信我的人，雖然死了，也必復活。凡活著信我的人，必永遠不死，你信這話嗎？”約十一 21－26。

當時主耶穌是問馬大，現在是在問我們，你信這話嗎？復活在主、生命在主、信主的人雖然死了，也必復活。這幾句話，我們可以說，大家都可以相信。可是下句話，就不一樣了。凡活著信我的人，必永遠不死。如果照著字面，確實沒有辦法相信。歷世歷代多少人信主耶穌，現在還有信徒活著嗎？不用說這麼遠，就說我們的上輩，信主耶穌後，現在也是死了。我們現在都活著，我們信主耶穌，難道我們能永遠不死嗎？如果還是一樣死，那我們能信這話嗎？既然有疑問，就會有人解釋。他們認為，可能和合本翻譯有問題，我們應該去查英文版本、希臘文，只有原文聖經無謬誤。那我們這些不懂得希臘文，那怎麼辦？豈不是不能信了，或者是這句話我們不用去管它。可以這樣嗎？當然不可以，筆者深信，神既然允許他們翻譯和合本聖經，難道任憑他們去翻，中國這麼多人的靈魂，神難道不顧惜嗎？所以，筆者認為，我們不用聽那些，既然神讓我們生為中國人，他肯定愛我們到底。

這句話的意思，我們可以理解：亞當稱謂“有靈的活人”，我們重生後，稱謂"神的兒子"；神的兒子是死的還是活的，因為我們知道，在神那裡人都是活的。所以，主耶穌說，還活著信他的，必永遠不死。我們的物質生命雖然要經過死，但是聖經上記著：我們耶穌從死裡復活了，那已經在耶穌裡睡了的人，神也必將他與耶穌一同帶來。帖前四 14。聖經將我們肉體的死，不是說死了，乃是說我們是睡了。不但如此，我們的物質生命仍然還要復活。這裡的"活著"與"不死"不是指我們物質生命的活與死，乃是指屬靈生命，有屬靈生命的人，才是"活人"。所以主耶穌說，凡活著信他的人，必永遠不死。這話的意思，重生的人持久在他的信裡，就永遠不會死。如經上所記：因為神的義正在這福音上顯明出來；這義是本於信，以致於信。如經上所記："義人必因信得生。" 羅一 17。

如果不永遠在他的信裡，也就是說，不持久信靠他，就會象亞當一樣有死亡的危險。這個屬靈生命因著亞當犯罪而失去，在創四 26 所記，那時人才求告耶和華的名。求告神的名，神的生命又與人有份。但到了創六 3，人既屬乎血氣，我的靈就不永遠住在他裡面；然而他的日子還可到一百二十年。這裡所記神的靈，也可以說，這是神賜予人的屬靈生命。從那時候開始，一直到主耶穌基督復活之前，神所賜予人的屬靈生命就與人隔絕了。從主耶穌復活之後，他就成為叫人活的靈。我們知道，亞當是全世界人的始祖，他成為有靈的活人。因為耶穌是末後的亞當，所以他是另一個族類的祖先。我們只有從耶穌那裡，承接他從死裡復活賜予我們的"聖靈"或"生命"，這就是重生。這就是主耶穌與尼哥底母談重生時所說，信徒第一次是肉身的生，第二次是靈生。不是我們再從母腹重生一次，乃是要從靈生。

如經上記著說：願頌贊歸於我們主耶穌基督的父神！他曾照自己的大憐憫，借耶穌基督從死裡復活，重生了我們，使我們有活潑的盼望。彼前一 3。

說了這話，就向他們吹一口氣，說："你們受聖靈。你們赦免誰的罪，誰的罪就赦免了；你們留下誰的罪，誰的罪就留下了。"約二十 22－23。

　　到這裡我們才看到，神給亞當吹氣，這裡是主耶穌給他的門徒吹氣。整本聖經只記載二個吹氣的地方，是遙遙呼應。亞當犯罪失去了神所賜予的生氣，主耶穌復活重新給門徒恢復。在這裡我們有點與傳統不同解釋，傳統認為，教會的建立在五旬節，聖靈降臨時。但筆者認為不是。為什麼這樣說呢？我們應該知道，教會的建立，根基是主耶穌基督，是由生命的基督徒組成，不是由恩賜的基督徒組成。大家都知道，這裡是主耶穌賜予門徒生命；徒二 1/13 記載的是五旬節聖靈降臨，是主耶穌賜予門徒的恩賜，使他們有恩賜可以完成大使命。

　　經上也是這樣記著說：首先的人亞當成了有靈的活人，（ "靈" 或作 "血氣" ）；末後的亞當成了叫人活的靈。林前十五 45。

　　他們心地昏昧，與神所賜的生命隔絕了，都因自己無知，心裡剛硬。弗四 18。

　　因為世人的無知，是被這世界的神弄瞎了心眼，不叫基督榮耀福音的光照著他們。林後四 4 上。所以稱他們心地昏昧，心眼瞎了。看不到基督榮耀福音的光，也就是與所賜的生命隔絕。他們與神所賜予的生命隔絕，不是神不賜予他們，也不是神不揀選他們，經文記的很清楚。都因他們無知，心地剛硬。因此，我們必須明白，各人要為自己的行為承擔責任。

　　如經上所記：你竟任著你剛硬不悔改的心，為自己積蓄忿怒，以致神震怒，顯他公義審判的日子來到。他必照各人的行為報應各人。羅二 5－6。

　　因此，趁現在我們還活著，神還是給我們機會。你是選擇無知，心裡剛硬；還是抓住這個機會，作個聰明人，來接待耶穌、相信耶穌、使耶穌成為你個人的救主。

　　因為你們已經死了，你們的生命與基督一同藏在神裡面。基督是我們的生命，他顯現的時候，你們也要與他一同顯現在榮耀裡。西三 3－4。

　　我們應該知道，世人沒有屬靈生命；乃是因耶穌賜予我們的生命，與主耶穌一同復活了。我們的生命與基督一同藏在神裡面，這裡的生命不是指單一層面的生命，乃是指全人的。而這個全人，不是指天然的人，乃是指重生的全人。這裡我們應該知道，主耶穌道成了肉身，這個肉身是包括了靈魂體。但他又是神，他從死裡復活，以大能顯明他是神的兒子。那麼，我們可以從耶穌基督的身上來看，他人子的身份，是靈魂體，可他又是神的兒子，是神的真象。因此，我們稱為神的兒子，按我們本身人的身份，我們是具備靈魂體。如果只有靈魂體，那和世人沒有區別，如果和世人一樣，那我們就不是神的兒子。如果稱為神的兒子，我們必須要加上從神那裡來的生命。有了從神賜予我們的生命，上面已經提到，可以用基因來解釋。也就是說，我們的生命如果沒有從神來的基因，我們憑什麼認為自己是神的兒子？遵守神命令的，就住在神裡面，神也住在他裡面。我們所以知道神住在我們裡面，是因他所賜給我們的聖靈。約壹三 24。注意一下，這裡記載的聖靈，也就是神賜予我們的生命。

論到這救恩，那預先說你們要得恩典的眾先知早已詳細地尋求考察；就是考察在他們心裡基督的靈，預先證明基督受苦難，後來得榮耀，是指著什麼時候，並怎樣時候。他們得了啟示，知道他們所傳講的一切事（ "傳講" 原文作 "服事" ），不是為了自己，乃是為你們。那靠從天上差來的聖靈傳福音給你們的人，現在將這些事報給你們；天使也願意詳細察看這些事。彼前一 10－12。

這裡論這救恩，是真實的。這裡講了幾個層面，一是眾先知得了啟示，二是靠天上差來的聖靈傳福音的人，三是天使也詳細察看。他們都不是為自己，乃是為我們。

你們蒙了重生，不是由於能壞的種子，乃是由於不能壞的種子，是借著神活潑常存的道。因為凡有血氣的，盡都如草；他的美容都像草上的花。草必枯乾，花必凋謝；惟有主的道是永存的，所傳給你們的福音就是這道。彼前一 23/25。

這裡講到重生，是指重生不是能壞的種子，這個種子是不能壞的。是借著神活潑常存的道。這裡將重生比作種子，這個種子是借著神活潑常存的道。這個種子與血氣是格格不入，因為凡有血氣的，都是能壞的種子，如草如花，草必枯乾，花必凋謝。惟有主的道是永存的，所傳給我們的福音就是這道。

耶穌又大聲喊叫，氣就斷了。忽然，殿裡的幔子從上到下裂為兩半，地也震動，磐石也崩裂，墳墓也開了；已睡聖徒的身體，多有起來的。到耶穌復活以後，他們從墳墓裡出來，進了聖城，向許多人顯現。太二十七 50－53。

因為這些以前時代的先知與義人，他們憑著信心，知道自己必定會得到神的生命。但是他們沒有得到所應許的，只有歡喜仰望等候。在他們活著的時候，沒有得到從神來的生命，正如經上說：你們的祖宗亞伯拉罕歡歡喜喜地仰望我的日子，既看見了，就快樂。約八 56。這節經文我們上面已經探討過，這裡就不多說了。生命的分類暫時停在這裡，下面我們繼續來探討生命的傳遞。

第三篇：生命傳遞。

1：物質生命。物質生命的傳遞，是比較簡單，我們從家譜中就可以看到。首先，我們來看一段經文：

有一日，那人和他妻子夏娃同房，夏娃就懷孕，生了該隱（就是"得"的意思），便說；"耶和華使我得了一個男子"。又生了該隱的兄弟亞伯。亞伯是牧羊的，該隱是種地的。創四 1－2。

這裡我們看到有一個非常奇特的詞"男子"。通常來說應該是這樣，夏娃就懷孕，生了一個兒子。那這裡又為什麼記載生了一個男子？難道又是翻譯上錯誤？筆者認為，我們沒有必要這樣認為，這樣的認為是不可取的。我們不能解釋，就說不明白。不能解釋的經文，總是想方設法地去辨解，認為聖經翻譯的錯誤。這樣的解釋法，不但自己無法正意地去解釋聖經，更加會給聽見的人帶來疑惑。我們知道，如果聖經翻譯有錯誤，我們不清楚它在那個地方有錯誤？舉一個例子來說：除他以外，別無拯救；因為在天下人間，沒有賜下別的名，我們可以靠著得救。徒四 12。這裡說除他以外，別無拯救；如果說在這句經文中翻譯有錯誤，那可怎麼辦？或者本來是，除他以外，還有拯救。那我們這些傳道人是不是都是瞎子領瞎子？眾所周知，這樣類似的經文很多，筆者也不用多說。

現在我們把話轉過來，這裡為什麼說生了一個男子？我們如果要明白，還是要從伊甸園說起。亞當犯罪後，神對他們宣佈犯罪所帶來的刑罰。

我要叫你和女人彼此為仇；你的後裔與女人的後裔也彼此為仇。女人的後裔要傷你的頭；你要傷他的腳跟。創三 15。

這個宣佈對亞當來說，是一個他一生都不能忘記的福音。他知道，神還在愛他，給他的應許是女人的後裔，這個女人的後裔會給撒但致命的打擊。他不但會傷了撒但的頭，而且會帶亞當重返伊甸。雖然把亞當趕出伊甸，卻又用皮子作衣服給他們穿。這使他看到慈父對逆子的愛，因此，他堅信，神還是愛他，他還是有機會重返伊甸。

又在伊甸園的東邊安設基路伯和四面轉動火焰的劍，要把守生命樹的道路。創三 24。

亞當明白，這基路伯和四面轉動火焰的劍，憑他自己的力量，是沒有辦法再回到伊甸園；但他有一個盼望，就是神給他的應許，女人的後裔會給他帶來希望。因此，亞當盼望女人的後裔早日出現，使他脫離這個被咒詛的大地，以及汗流滿面才能糊口的生活。按照亞當的經驗，如果需要增加人，應該是他的事，因為夏娃就是從他肋骨出來。現在這件事情發生，是在亞當的經驗之外；雖然這是他意想不到的事情，卻給他帶來了無窮的希望，他認為神所應許的已經成就，從夏娃所生的就是女人的後裔。所以給他起名叫該隱，該隱就是得的意思。並說，耶和華使我得了一個男子。本來是滿心歡喜，以為該隱就是女人的後裔。可是等待了許久，沒有看到該隱的行動。到時生了亞伯的時候，亞當有點失望，因此，給該隱的兄弟，起名叫亞伯，亞伯的意思是虛空。從高興的得，到失望的虛空；可見亞當那個時候的失落感。

我們現在來看一段家譜就可以了。閃的後代記在下面：創十一 10－26。

從家譜的角度來看，只有以色列人的家譜一直追溯到亞當，其他國家和民族，他們的家譜都不能追溯到亞當。可以證明，人物質生命的傳遞是男性。聖經中有兩段家譜是不同的，太一 1－17 耶穌基督的家譜，中間出現了四個女性，包括馬利亞，一共有五個女性。路三 23－38 耶穌基督的家譜，是從耶穌開始往上追溯。這兩段家譜均有豐富的屬靈教訓，要知詳情，請參考拙著（神揀選的是誰）。231 頁。

物質生命的傳遞，我們從約一 13 中看到，這等人不是從血氣生的，不是從情欲生的，也不是從人意生的，乃是從神生的。這裡講的比較明白，屬靈生命只有單一，是從神生的。可是物質生命就不一樣了，有幾種途徑。人意生的、情欲生的、血氣生的。這幾種途徑都必須要男女同房，才能繁衍。那現在比以前的途徑更多，除了男女同房外；還有更多的選擇，不需要男女同房，也可以繁衍，生命照樣傳遞，如試管，代孕等等。

　　物質生命的傳遞暫時探討到此，下面我們來探討非物質生命的傳遞。

　　2：非物質生命。非物質生命的傳遞，這個課題爭議不少，眾說紛紜，現在我們先看一下前輩們是怎樣理解與爭議的。他們將非物質生命稱為靈魂，他們的爭議，先從靈魂的來源開始。摘自章力生前輩所著的（人論）。

　　1：靈魂的來源：神學界裡的前輩們，有三個不同的解釋。

　　其一是靈魂先存說，我們采其概要。首倡者有柏拉圖，他說上帝的主意乃是在他永恆的心志裡面，這些主意並非僅為空洞的意念，而乃是有生命的本質，從而成為外在萬物的本質與生命。其次有斐魯（Philo）他以為靈魂乃是被監禁在世人的身體裡面，藉以處罰靈魂。復次有俄利根，他認為現在世人境遇不同，在物質上，在道德上，有各種不平等，不正常，和不規則的現象。這乃是由於先存的罪所受的懲罰。德國學者如康得現裘慕勒；美國學者如皮喬（Edward Beeches）都認為人類心志天生的墮落腐敗，乃是由於先前各人的本性，自己的作為，因此所得之惡果。先存說理論的基礎，乃是在各人誕生以前一種想像的生存，這乃在上帝的心裡－－就是上帝的預知（Fore--Know.ledge）。靈魂所獲得直覺的理念，例如：空間、時間、原因、公義、乃至上帝，都是從其展開。易言之，上帝所造的人，就能在適當的遭遇或情況之中了悟這些真理。我們對於往事的回憶所獲的意念，在這整個意念之中，可能存有無數次要的意念在內。奧古斯丁說，這種回憶的幻想，可能有重大的作用，使其發展，從而相信輪回轉世。柏拉圖認為直覺的理念，乃先前的本性所學到的事物之回憶，他又以為身體乃為靈魂的墳墓，靈魂在進入身體以前能知道，能理解；這乃證明靈魂離開身體以後仍能知道，仍能理解，所以靈魂乃是不朽的。亞力山大（Alexan.der）說：柏拉圖的意思乃指靈魂有選擇德性的自由，但這個自由就要決定靈魂的命運。因此對其選擇要負責任，一經抉擇，便要面對其命運有前程，是凶是吉，為禍為福，莫可挽回。基督教的神學乃說，人是自由的，但由於亞當的墮落，便失去其自由，所謂一失足成千古恨！所以柏拉圖說：先存的靈魂是自由的，但從其選擇命運以後，便失其自由。斐魯說：靈魂乃由上帝發出，但其受物欲誘惑而墮落者則被懲罰，因此監禁在身體裡，使其敗壞，所以脫離身體。俄利根說世人誕生之時，境遇各人不同，這乃是先存靈魂不同的結果。照上帝的公義，所有靈魂在最初被造的時候，乃都是平等的，現在不同的情況，乃是和其先存的靈魂所犯的罪是相應的。俄利根的意見，乃為教會所不容。於君士坦丁會議（Synod of Constantinople）被判定罪。先存說非僅古人所倡，在近代哲學以及文學，尤其詩人作品裡面，仍有此種先存說的思想。

其二是創造說，采其概要。此說乃是由亞理斯多德，耶羅母（Jerome）與伯拉糾（Pelagius）提倡；近代則大多由天主教與改革宗神學家所倡。他們認為每人的靈魂，乃是在受孕時或出生時，亦或在受孕出生之間，由上帝直接創造。提倡此說者認為創造說乃與有些經文相符，上帝乃是世人靈魂的創造主。而且事實上每一孩子都有其獨特的個性，這便證明並非僅為父母的[翻版]，必是上帝所創造的。創造論者大都認為僅有身體是從上代所傳下來。三相說的創造論者又說，魂乃是與身體一同生殖的；但是靈－－人最高的部分，則乃是上帝為每人直接創造的。亞理斯多德乃最初對此說作明確的表示，繼之，煩瑣哲學家崇奉亞氏之說。由於改革宗教會的影響，創造論乃成為近代數百年來甚為流行之說。此說最著名的學者有士雷丁氏（Turrentin）；霍祺（Hodge）；馬敦生（Martensen）；李騰（Liddon）；以及戈洽耳（Goschel）等。創造說所採用的經文根據，傳道書十二章 7 節，靈仍歸於賜靈的上帝。以賽亞書四十二章 5 節，創造諸天，鋪張穹蒼，將地與地所出的一併鋪開，賜氣息給地上的眾人，又賜靈性給行在其上之人的耶和華。五十七章 16 節，耶和華說：我所造的人與靈性。民數記十六章 22 節，萬人之靈的神啊。撒迦利亞書十二章 1 節，鋪張諸天，建立地基，造人裡面之靈的耶和華說。希伯來書十二章 9－10 節，再者，我們曾有生身的父管教我們，我們尚且敬重他，何況萬靈的父，我們豈不更當順服他得生嗎？生身的父都是暫隨己意管教我們；惟有萬靈的父管教我們，是要我們得益處，使我們在他的聖潔上有分。不但是我們的靈，我們的身體也是上帝造的。大衛說：我的肺腑是你所造的，我在母腹中，你已覆庇我。我要稱謝你，因我受造奇妙可畏，你的作為奇妙。詩篇一百三十九篇 13－14 節。耶和華的話臨到我說：我未將你造在腹中，我已曉得你；你未出母胎，我已分別你為聖，我已派你作列國的先知。耶利米書一章 4－5 節。甚至邸立志（Delitzsch），他雖為增殖論者，亦以為：沒有他說比此說有更多的經文根據。超絕的上帝造我們的身體，或靈魂，正如同他運行自然律一樣。全知全能的上帝在創造萬物的奇工上把他彰顯出來。創造說旨在重視世人屬天神聖的淵源，整個的人類，其根源乃在上帝的行為。復次，此說對主耶穌的位格人性，完全無罪，乃有更確當的說明。創造論者認為屬地的父母僅生他兒女的身體，而不生他兒女的最高部分；兒女承接父母的物種，因此引成了遺傳。

其三增殖說：增殖說的概要：增殖說（Traducian Theory）最初由教父特土良宣導，且為奧古斯丁所默契。而在近代教會，則為路德宗教會所流行的思想。此說認為人類直接被造在始祖亞當裡面，其身體與靈魂，乃都藉自然的生殖（Naturalgeneration）從始祖增殖。從亞當以後，世上萬人，都由上帝照他最初所定增殖的法則，由他間接創造。葛萊哥雷（Gregory of Nyssa）說：人有靈魂與身體，兩者乃是合一的。　其最初的構造亦必是合一的，二者不可能分先後老幼。奧古斯丁說：在亞當裡的世人，在他們的本性上，和亞當乃是一個人，所以世人都犯了罪。雖然那時我們各人的形體尚未造成，尚未分配給我們，但是在那時已有胚種的本性（seminal nature）世人乃都是從胚種本性而增殖。

奧古斯丁對他所說的話，深恐成為徹底的強烈的增殖說，會貽唯物主義的後果。所以他對靈魂起源方面，乃有猶豫不決之感；然而他的增殖說，建基於原罪的道理上面，乃成了路德宗教會很佔優勢的思想。路德說，人類的生殖，乃是一個極大的奇事與奧秘。

增殖說認為，人類乃如動物一樣，是在亞當裡被造的。在亞當裡人類的實體，還沒有分配。我們乃是歸增殖的自然律，從亞當裡得到我們非物質和物質的本質－－每一個人得著從亞當所原有的一部分的實體。有性生殖（Sexual re production）乃有目標的，要變種保持它的限度。後裔乃代表父母，並非僅僅代表雙親的一方。雙親既代表兩方面的祖父祖母，則其後裔實乃代表其全族。如果沒有這樣配合，則各人的特性就要從各種不同的方面自己生殖，那就像槍裡的子彈一樣，無的放矢。所以分裂生殖需要這種配合，藉求匡補。這樣[有性增

殖]始能使個人成為物種的類型，同時復使人類團結一致。

哈理斯氏（Harris）在其《道德進化論》中說：每一個人有很多的祖先，也有很多的後裔。他乃象一個海峽在兩海之間，前後兩面，都開闊張大起來。其他孩子也和我們一樣有曾祖父母。有許多人與他人聯婚，於是許多世代平衡發展。許多門第，或則分出，或則聚合，但是其發展的形態也是平衡的。

增殖說的經文依據：此說以創世記一章 27 節，上帝就照著自己的形像造人，乃是照著他的形像造男造女。乃是意指上帝在亞當裡創造物種；而以創世記一章 28 節，上帝就賜福給他們，又對他們說，要生養眾多，遍滿地面，治理這地；也要管理海裡的魚、空中的飛鳥，和地上各樣行動的活物。乃為藉著從屬的動力，使物種增加，並且永久存在。並且參考創世記二章 22 節：耶和華上帝就用那人身上所取的肋骨，造成一個女人，領她到那人跟前。上帝只有一次將生氣吹在人的鼻孔裡，創世記二章 7 節，耶和華上帝用地上的塵土造人，將生氣吹在他鼻孔裡，他這成了有靈的活人。

哥林多前書十一章 8 節：起初男人不是由女人而出，女人乃是由男人而出。

創世記四章 1 節，有一日，那人和他妻子夏娃同房，夏娃就懷孕，生了該隱。

創世記五章 3 節，亞當活到一百三十歲，生了一個兒子，形像樣式和自己相似，就給他起名叫塞特。

創世記四十六章 26－27 節，那與雅各同到埃及的，除了他兒

婦之外，凡從他所生的，共有六十六人。還有約瑟在埃及所生的兩個兒子。雅各家來到埃及的共有七十人。

徒十七章 24－26 節，創造宇宙和其中萬物的神，既是天地的主，就不住人手所造的殿也不用人手服事，好像缺少什麼，自己倒將生命、氣息、萬物賜給萬人。他從一本造出萬族的人，住在全地上，並且預先定準他們的年限和所住的疆界。

來七章 10 節：因為麥基洗德迎接亞伯拉罕的時候，利未已經在他先祖的身中。

上帝從創造天地萬物和人類以後，他就歇了他的工作。創二：1－2 節：天地萬物都造齊了。到第七日，上帝造物的工已經完畢，就在第七日歇了他一切的工。

約翰福音三章 6 節：從肉身生的就是肉身，從靈生的就是靈。生殖一方面生靈魂，同時也生身體。因此認為，墮胎乃是謀殺。

章力生前輩對三種學說的結論：關於靈魂來源的問題，持論不一，我們應兼籌並顧，不可執一而論，予智予雄。職是之故，無怪奧古斯丁，對此問題也深感難作取捨。聖經關於靈魂的來源，亦僅講到亞當，並無其他具體的指示。有些經文，或可作此說之根據，但也可為他說的準則，未可妄加斷言。因為聖經對此問題，沒有明白的指示，我們便應備加審慎。我們不可自作聰明，妄作上帝的謀士。因此有些神學家甚至說：先存說，創造說和增殖說，乃各有一理，仁者見仁，智者見智，都有是處。

尤其是杜諾氏（Dorner）他認為三說乃各有所長，乃代表一個真理之三面：增殖說，乃講通有的或一般的意識（Generic Consciousness）；先存說，乃講自我的意識；創造說，乃講上帝的意識。

三說之中，創造說乃比較有可取之處，

其一：此說可免增殖說所遭哲學上的難題；

其二：此說沒有增殖說關於基督論的錯誤；

其三：此說乃與聖約觀念（Covenant Idea）最為符合。

筆者對這三種的見解，贊同增殖說；其理由如下：

　　其一：物種起源。經文依據：

　　耶和華神使他沉睡，他就睡了。於是取下他的一根肋骨，又把肉合起來。耶和華神就用那人身上所取的肋骨，造了一個女人，領他到那人跟前。那人說："這是我骨中的骨，肉中的肉，可以稱她為'女人'，因為她是從男人身上取下來的。"因此，人要離開父母，與妻子連合，二人成為一體。當時夫妻二人，赤身露體，並不羞恥。創二 21－25。

　　有一日，那人和他妻子夏娃同房，夏娃就懷孕，生了該隱（就是"得"的意思），便說："耶和華使我得了一個男子。"又生了該隱的兄弟亞伯。該隱是種地的，亞伯是牧羊的。創四 1－2。

　　雖然神有靈的餘力能造多人，他不是單造一人嗎？為何只造一人呢？乃是他願人得虔誠的後裔。瑪二 15。

　　人的祖先只有一對夫婦。所以說：四海之內，皆兄弟也。徒十七 26 說的很清楚：他從一本造出萬族的人（"本"有古卷作"血脈"），住在全地上，並且預先定準他們的年限和所住的疆界。

　　其二：生命繁衍，生命的繁衍乃在於男性。我們在經文中所看到的，創五 1－32。亞當的後代記在下面，……亞當生塞特以之後，又在世八百年，並且生兒養女……接下去就是一代生一代……挪亞五百歲，生了閃、含、雅弗。

　　我們看到的是亞當的後代，沒有記夏娃的後代。特別在家譜中，更注重男性，因為男人是生命的繁衍者。我們中國人的家譜也是一樣，只記男人，不記女人。所以有人說，聖經中只有神的兒子，沒有記神的女兒，只有極個別的地方有記神的兒女。

　　上面我們看到章老前輩說增殖說關於基督論的錯誤，問題就出在這上面，他不但沒有弄清楚生命的起源，生命的類別，更沒有弄明白生命的繁衍在男性，而不在女性。所以他評論增殖說時，列舉了幾個難題。

　　（1）此說乃違反靈魂的質樸純一性。靈魂乃是完全屬靈的實質，乃是不容分割的；若照此說，則靈魂的增殖勢必令孩子的靈魂和父母的靈魂分開。而且孩子的靈魂究竟是從父的靈魂而來，抑或從母而來，或從雙親而來，此說不能解答。

（２）若要避免這個難題，則又發生三個難題；

其一：是否孩子有先存的靈魂；

其二：靈魂若潛存於男或女，或在兩者種子裡面，果爾，則此說乃為唯物主義；

其三：靈魂若由父母所創，此乃以父母成為造物之主。

（３）照此說來推想，上帝創造天地萬物以後便不再直接工作。邸立志（Delitzsch）說，繼續創造乃不合上帝與世界之關係。但是世人重生得救，我們原是他的工作……。弗二：9－10 節。可是上帝仍工作，此又為增殖說的難題。

（４）此說對於為何世人僅對亞當最初的罪負責，而對於先祖以後的人所犯之本罪，就不負責，不能作圓滿的解答。

（５）此說更有一個不能克服的難題，便是基督論。如果在亞當裡，整個人類都犯了罪，因此罪性就成了人性每一部分的本罪。若照此說，他乃由馬利亞增殖，非由聖靈感孕。則基督的人性勢必也有罪，而且也犯了罪，豈不大大褻瀆。

我們看到章老前輩的五個難題，就出現在他沒有清楚生命的起源，所以也就不清楚生命繁衍在男性。如果他明白了這一點，就不會提這幾個問題，而且還說不能克服的難題。在他那個時代，他能看到這一點，已經是不錯了，而且還比較中肯，可見是非常難得。可是現今就不同了，我們是站在前人的肩膀上，所以我們比他看到更遠。

在家譜裡，我們只有看到耶穌基督的家譜時，在太一 1－17 裡面有幾個女性，在路三 23－38 中也沒有記載。我們知道，耶穌是女人的後裔，他不是男人的種子，他是聖靈感孕，他沒有承接從亞當而來的種子。所以他是無罪的羔羊，才能背負世人的罪孽。

我們在聖經中沒有看到神向夏娃吹氣，那麼夏娃的靈魂是從那裡來的？這裡清楚的記載女人名詞的意義，是男人的骨中的骨，肉中的肉。難道我們說夏娃的靈魂是亞當靈魂所分割出來的？經上也沒有其他記載，因此，靈魂與肉體本是一，不是分割的。無庸置疑，非物質生命與物質生命是不能區分的，所以，它們繁衍是一體的，如經上所記：神就賜福給他們說："要生養眾多，遍滿地面，治理這地，也要管理海裡的魚、空中的鳥，和地上各樣行動的活物。"創一 28。神賜福給挪亞和他的兒子，對他們說："你們要生養眾多，遍滿了地。凡地上的走獸和空中的飛鳥，都必驚恐，懼怕你們，連地上一切的昆蟲並海裡一切的魚，都交付你們的手。凡活著的動物，都可以作你們的食物，這一切我都賜給你們，如同菜蔬一樣。惟有肉帶著血，那就是它的生命，你們不可吃。流你們血、害你們命的；無論是獸、是人，我必討他的罪，就是向各人的弟兄也是如此。凡流人血的，他的血也必被人所流；因為神造人，是照著自己的形像造的。你們要生養眾多，在地上昌盛繁茂。"創九 1－7。

照著這些經文來說，人的繁衍是神的賜福，不管在亞當時代，還是在挪亞時代，神的賜福是沒有更改的。都告訴他們，生養眾多，遍滿地面。在這些經文中，我們沒有看到神有其他動作，而是一切都是照他的吩咐而行。所以我們應該放膽說，增殖說是正確的。

3：屬靈生命的傳遞。我們先來看聖經：耶和華神用地上的塵土造人，將生氣吹在他鼻孔裡，他就成了有靈的活人，名叫亞當。創二 7。耶和華神使他沉睡，他就睡了。於是取下他的一條肋骨，又把肉合起來。耶和華神就用那人身上所取的肋骨，造成一個女人，領她到那人跟前。那人說："這是我骨中的骨，肉中的肉，可以稱她為'女人'，因為她是從男人身上取出來的。"因此，人要離開父母，與妻子連合，二人成為一體。創二 21－24。

我們先看創二 7，將生氣吹在他鼻孔裡，他就成了有靈的活人。這裡對照：說了這話，就向他們吹一口氣，說："你們受聖靈。你們赦免誰的罪，誰的罪就赦免了；你們留下誰的罪，誰的罪就留下了。"約二十 22－23。

這兩段經文是遙遙呼應，上面是生氣吹入，就成了有靈的活人。我們知道，這個有靈的活人，就是神的兒子。是神的兒子，就會有神兒子的權柄。下面經文也是一樣，耶穌復活後，向門徒吹氣，說："你們受聖靈。"這"聖靈"的名詞可以作為"生命"，得了這個“聖靈”或者生命，門徒就是神的兒子。既然是神的兒子，主耶穌也照樣賜予他們權柄。這個權柄非同小可，你們赦免誰的罪，也可以留下誰的罪。

我們再來探討創二 21－24 的經文：耶和華神使他沉睡，他就睡了。沒有說他睡了多長時間？聖經中沒有記載。新約裡面對照的經文：耶穌嘗（原文作“受”）了那醋，就說：“成了！”便低下頭，將靈魂交付神了。約十九 30。這個沉睡是指耶穌釘在十字架上的死，他的死不是說完了，乃是說成了。他睡了多長時間？約拿三日三夜在大魚肚腹中，人子也要這樣三日三夜在地裡頭。太十二 40。於是取下他的一根肋骨，又把肉合起來。對照的經文：只是來到耶穌那裡，見他已經死了，就不打斷他的腿。惟有一個兵，拿槍扎他的肋旁，隨即有血和水流出來。約十九 33－34。

我們看到創世記是取他的肋骨，又把肉合起來。而在約翰福音中記載，那些兵丁來到耶穌面前，見耶穌已經死了，就不打斷他的腿。應該說兵丁就此為止了，但是聖經所記的恰恰沒有結束。聖經讓我們看到，惟有一個兵，拿槍扎耶穌的肋旁。這確實是一個非常奇特的舉動。這個兵丁為什麼要拿槍扎？而且為什麼要扎耶穌的肋旁？這處所記的經文是整本聖經中獨一無二的，聖經為什麼這樣記？如果我們將這兩處經文擺在一起，就可以明白了。創世記是記載女人的被造，是取自男人的肋骨，又把肉合起來；沒有看到血和水，而這個女人是亞當的新婦。而約翰福音是記載耶穌基督的肋旁被槍扎，隨即有血和水流出來。這肋旁的血和水，是指教會的產生，教會是主耶穌的新婦。

我們再來看，那人說，這是我骨中的骨，肉中的肉。對照的經文在那裡？因我們是他身上的肢體，（有古卷在此有“就是他的骨他的肉”）。弗五 30。女人是亞當的骨中的骨，肉中的肉，教會是主耶穌的骨，主耶穌的肉。因為女人有分于男人的骨和肉，所以二人有骨肉之親。這裡是告訴我們有分於主耶穌的生命，就是他的骨他的肉。下面的經文：人要離開父母，與妻子連合，二人成為一體。這裡的解釋經文在那裡？為這個緣故，人要離開父母，與妻子連合，二人成為一體。這是極大的奧秘，但我是指著基督和教會說的。弗五 31－32。這裡給我們說的很清楚，這是極大的奧秘，夫妻二人成為一體，是指主耶穌和教會成為一體。乃是指教會和耶穌的關係，主耶穌是新郎，教會是新婦。也說是，新郎與新婦結合，就會傳遞屬靈的生命。亞當給他妻子起名叫夏娃，因為她是眾生之母。創三 20。這節經文在正意上解釋，夏娃的名字，就是眾生之母。所有的人，都是從他們那裡開始的。

眾所周知，亞當是耶穌的預象，經上記著：然而從亞當到摩西，死就作了王，連那些不與亞當犯一樣罪過的人，也在他的權下。亞當乃是以後要來之人的預象。羅五 14。

經上也是這樣記著說：“首先的人亞當成了有靈的活人（“靈”或作“血氣”）；末後的亞當成了叫人活的靈。”林前十五 45。

這裡我們是否可以理解，從亞當的一人，對照耶穌基督的一人；在亞當裡眾人都死了，照樣，在基督裡眾人也要復活。林前十五 22。

亞當有了配偶，就有了家，就開始生兒養女。從一人到一家，不管這個家多大，亞當就是這個家的家長。我們是基督的教會，也就是神的家。經上告訴我們：這樣，你們不再作外人和客旅，是與聖徒同國，是神家裡的人。弗二 19。

倘若我耽延日久，你也可以知道在神家裡當怎樣行；這家就是永生神的教會，真理的柱石和根基。提前三 15。

我們知道，教會的元首是基督。這是衡量教會唯一的標準，也就是終極的真理，沒有妥協的餘地。只有明白這一點，那些自稱為教會的，或者別人稱為他們為教會的，不管是稱為什麼教會，如果不是基督為元首的，那麼它就不是教會！這是一個非常嚴肅的問題。只要是基督為元首的，我們應當竭力保守聖靈所賜合而為一的心。經上告訴我們：

我為主被囚的勸你們，既然蒙召，行事為人就當與蒙召的恩相稱。凡事謙虛、溫柔、忍耐，用愛心互相寬容，用和平彼此聯絡，竭力保守聖靈所賜合而為一的心。弗四 1－3。

惟用愛心說誠實話，凡事長進，連于元首基督；全身都靠他聯絡得合適，百節各按各職，照著各體的功用彼此相助，便叫身體漸漸增長，在愛中建立自己。弗四 15－16。

只有連于元首基督，這個身體才會是一個完美的身體，又要我們明白，百節各按各職，照著各個肢體的功用，彼此相助，身體才漸漸增長。可遺憾的是，現今的教會，宗派林立，只有小家的觀念，完全沒有大家庭的觀念。也沒有全個身體的觀念，只有他們局部肢體的觀念，所以不能彼此相助。不但不彼此相助，反而相互攻擊。試想，局部肢體最強壯，離開身體和元首，還能作什麼？有人會說，我們沒有離開元首，我們還是高舉耶穌基督，是的。

經上怎麼說：基督是分開的嗎？保羅為你們釘了十字架嗎？你們是奉保羅的名受洗嗎？林前一 13。又說："主知道智慧人的意念是虛妄的。"所以無論誰，都不可拿人誇口，因為萬有全是你們的。或保羅、或亞波羅、或磯法、或世界，或生、或死、或現今的事，或將來的事，全是你們的；並且你們是屬基督的，基督又是屬神的。林前三 20－22。

現今各宗派都是高舉他們創派的偉人，好像他們是屬於某個偉人一樣。都捧著他們認為偉人的理念不放，把他們的理念高於聖經，誰也不敢跳出他們的框框。如法利賽人罵那個得到耶穌醫治的瞎子一樣，你是他的門徒，我們是摩西的門徒。約九 27－28。他們為什麼會這樣呢？難道他們真的是不明白聖經嗎？非也，他們對聖經恰恰是十分熟悉。既是熟悉聖經，那為什麼會發生這樣的事呢？究其原因，無非有三。其一是在某個宗派裡牧會，必須要接受他們的神學培訓，然後要認同他們宗派的理念。其二是他們有很多的資產，能供給他們很長時間的費用。其三是傳道人職業化，這是一個最要命的問題。傳道人職業化，就會失去傳福音的權柄。這種模式越長久，教會衰退的越厲害。縱觀教會歷史，在現今的西方教會可見一斑。西方教會不但沒有增長，反而越來越衰退。這裡筆者附帶說一下，望讀者見諒。

　　我們在聖經中很清楚地看到，傳道模式只有二種。一種是彼得模式，我們也可以稱為內邦模式。另一種是保羅模式，也可以稱為外邦模式。內邦模式是指職業傳道人，或稱為全職傳道人；是指靠福音養生，靠信徒供給。外邦模式是指那些像保羅一樣，不是職業傳道人，或稱為帶職事奉；不是靠福音養生，更不是靠信徒的供給。像保羅所說：我這兩隻手常供給我和同人的需要，這是你們自己知道的。徒二十 34。

　　在這裡與弟兄姐妹分享一段經文：難道我們沒有權柄娶信主的姐妹為妻，帶著一同往來，仿佛其餘的使徒和主的兄弟，並磯法一樣嗎？獨有我與巴拿巴沒有權柄不作工嗎？有誰當兵，自備糧餉呢？有誰栽葡萄園，不吃園裡的果子呢？有誰牧養牛羊，不吃牛羊的奶呢？我說這話，豈是照人的意見，律法不也是這樣說嗎？就如摩西的律法記著說："牛在場上踹穀的時候，不可籠住它的嘴。"難道神掛念的是牛嗎？不全是為我們說的嗎？分明是為我們說的。因為耕種的當存著指望去耕種；打場的也當存得糧的指望去打場。我們若把屬靈的種子撒在你們中間，就是從你們收割奉養肉身之物，這還算大事嗎？若別人在你們身上有這權柄，何況我們呢？然而，我們沒有用過這權柄，倒凡事忍受，免得基督的福音被阻隔。你們豈不知為聖事勞碌的，就吃殿中的物嗎？伺候祭壇的，就分領壇上的物嗎？主也是這樣命定，叫傳福音的靠著福音養生。但這權柄我全沒有用過。我寫這話，並非要你們這樣待我；因為我寧可死也不叫人使我所誇的落了空。我傳福音原沒有可誇的，因為我是不得已的；若不傳福音，我便有禍了。我若甘心作這事，就有賞賜；若不甘心，責任卻已經託付我了，既是這，我的賞賜是什麼呢？就是我傳福音的時候，叫人不花錢得福音，免得用盡了我傳福音的權柄。我雖是自由的，無人轄管，然而我甘心作了眾人的僕人，為要多得人。林前九 4—19。

　　這裡需要我們探討的是，傳道人是否可以職業化？保羅在 4 節開始歷數傳道人應該所享有的權柄，其一可以帶著妻子往來；其二當兵還需備糧餉？其三栽種葡萄的應該吃葡萄，牧養牛羊當然喝牛羊的奶。其四律法也支持這樣的觀點，神不是掛念牛羊，乃是為傳道人。其五是你們得到了屬靈的種子，奉養肉身之物，這是理所當然的。其六為聖事勞碌，伺候祭壇，就有權柄享受殿中和祭壇上的物。其七主也是這樣命定，叫傳福音的靠福音養生。這七個理由，是內邦模式的聖經依據，他們認為傳道人職業化是天經地義，沒有什麼不妥。按照他們的理念，保羅完全可以享有。但保羅為什麼不享有呢？他為什麼又不遵守主的命定呢？

　　理由有五，其一免得基督的福音被阻隔；其二傳福音是不得已的，若不去傳，就會有禍。其三責任已經託付。我們應該知道，傳道人是主耶穌呼召和差遣的，若沒有呼召和差遣，這不是傳道人。羅十 15。我指的是主耶穌差遣，不是某神學院和教會差遣。其四甘心作，有賞賜。賞賜是什麼，叫人不花錢得福音。其五是最最關鍵的，免得用盡了我傳福音的權柄。

　　有這五個理由保羅不願意作為職業傳道人，因為他明白，這裡的兩個權柄，是不能同時擁有的，如世人所說：魚和熊掌不可兼得。你可以成為職業傳道人，這不是犯罪。但你要知道，享受信徒供給的權柄，是傳道人應得的分，這是普遍真理。殊不知，終極的真理是這樣的：這應得的分需要交換條件。這個交換條件是什麼？是失去傳福音的權柄。照聖經所說，我們放眼去看，現今的教會，還有沒有保羅模式的傳道人？全世界幾乎都是彼得模式的傳道人，這些職業傳道人，普遍來說都已經失去了傳福音的權柄。怪不得普世教會都在衰退，正如世人所說，真理永遠掌握在少數人的手裡！傳道人職業化，成為現今教會衰退的一個主因。大家知道，職業化的傳道人是神職人員，所以他們就有階級階層。他們可以沒有耶穌基督的呼召和差遣，更不需要耶穌基督的啟示，讀幾年神學，按立了牧師，就可以到教堂裡作為職業傳道人。這樣，是否與聖經的記載，背道而馳？切記：牧師不是職務、也不是職業，是職分。是服事人的，不是用羊毛，羊肉來雇你的。我們來看一個地方的經文：

　　弟兄們，我告訴你們，我素來所傳的福音不是出於人的意思。因為我不是從人領受的，也不是人教導我的，乃是從耶穌基督啟示來的。加一 11－12。

我們知道，聖經中只有保羅敢這樣說：你們該效法我，像我效法基督一樣。林前十一 1。彼得有說過嗎？肯定沒有。退一萬步來說，我們不是以色列人，當然也不是內邦；我們是外邦人，保羅是外邦使徒，所以我們應當採用他的模式，叫外邦人不花錢得福音。這樣，教會就會純潔很多。傳道人不是職業，如果沒有主耶穌的呼召，他能出去傳道嗎？失去傳福音權柄的傳道人，還能牧養教會嗎？職業傳道人，他們自稱是神的僕人。我們知道，神的僕人有多大？中國古代皇帝的僕人，奉聖旨出去時，所有的官員都懼他們三分。更何況他們是神的僕人，我們當怎樣去服事他們？但保羅模式就不一樣，正如保羅自己所說：

我雖是自由的，無人轄管，然而我甘心作眾人的僕人，為要多得人。林前九 19。

我們知道，這才是主耶穌的樣式。這才是僕人不能大於主人，差人也不能大於差他的人。

經上記著：耶穌洗完了他們的腳，就穿上衣服，又坐下，對他們說：「我向你們所作的，你們明白嗎？你們稱呼我夫子，稱呼我主，你們說得不錯，我本來是。我是你們的主，你們的夫子，尚且洗你們的腳，你們也當彼此洗腳。我給你們作榜樣，叫你們照著我向你們所作的去作。我實實在在地告訴你們，僕人不能大於主人；差人也不能大於差他的人。你們既知道這事，若去行就有福了。」約十三 12－17。

主耶穌在這裡給我們留下榜樣，這個榜樣的正意，現今卻被許多職業傳道人扭曲了，他們在信徒面前作秀，給信徒洗腳。認為這就是耶穌給我們留下的榜樣，殊不知犯了一個大錯誤，本末倒置。這個榜樣的正意是，耶穌說，我是你們的夫子，你們的主，尚且洗你們的腳，你們也當彼此洗腳。這個洗腳不是外表的，這個正意保羅將它說出了，我雖是自由的，無人轄管，然而我甘心作眾人的僕人。在這裡，筆者奉勸我們同為傳道人的，要甘心作眾人的僕人。目的是什麼？為要多得人。也希望保羅模式能被更多的傳道人效法，願主耶穌基督親自成全他的工作，興起更多有傳福音權柄的人，將福音傳遍地極。附帶暫時至此，話又回來。

摩西為僕人，在神的全家誠然盡忠，為要證明將來必傳說的事。但基督為兒子，治理神的家；我們若將可誇的盼望和膽量堅持到底，便是他的家了。來三 5－6。

希伯來書將摩西與耶穌對比，因為以色列人認為自己就是神的百姓，也就是說只有他們是神的家。摩西帶他們出了埃及，神在西乃山經中保的手與他們立約，加三 19－20。這個中保是指摩西，因摩西是他們的領袖。雖然摩西在以色列人的心目中，地位是非常高的，無人可與相比。但是希伯來書說，在神面前，他無非是僕人，在神的全家誠然盡忠而已。他盡忠的目的是什麼？為要證明將來必傳說的事。但這個將來必傳說的事是什麼？就是耶穌基督。申十八15、18、徒七 37。所以，在神面前，基督為兒子，治理神的家。這個榮耀與摩西的榮耀不能相比擬，只要我們將可誇的盼望和膽量堅持到底，就是神的家了。在創世記，亞當的一人漸進到一家，到洪水淹沒世界，只救了挪亞一家。

洪水時代以後，神從普世人中呼召了亞伯蘭，從亞伯蘭改名亞伯拉罕後。神從他八個兒子中，神也只要一個，就是以撒。以撒生了雙胞胎，神沒有要他們兄弟兩個，也只要一個，就是雅各。這也就是以色列人的列祖，神對他們列祖所立的約，也叫列祖之約。我們知道，亞伯拉罕是蒙召，以撒是蒙應許，雅各是蒙揀選。從雅各改名以色列後，我們看到這個約就漸進到以色列全家。創四十六27、徒七 14。以色列全家下到埃及四百三十年後，出來時就不是一家了；乃是一族。這是什麼意思？我們的主耶穌從亞當的一人到一家，然後就到了一族。經上記著：惟有你們是被揀選的族類。彼前二 9 上。所以耶穌不但是一家的家長，也是一族的族長。然後到了大衛時代，以色列人就不是一族了，是成為了一國。為什麼聖經上拿大衛來比擬主耶穌呢？因為大衛是以色列國的偉大君王，是合神心意的，也是影射耶穌基督是一國之君。從這個脈絡來看，我們的主耶穌基督已經從一人，漸進到一家，不但已經漸進到一家，而且已經漸進到一族，最終的一國已經很近了，我們隱約可以看到。主來的日子近了，地上就會成立基督的國。這個國度不是現今世上的國，乃是屬天的國。聖經的脈絡是一人到一家；然後一族，最後是一國。耶穌基督是一人，是末後的亞當。一家，就是神的家，永生神的教會，這個一家之主，當然是主耶穌。一族，另外一個族類，是被神揀選的族類，耶穌是被神揀選一族的族長。一國，指基督的國，這個國王是誰？當然也是指主耶穌基督。

現在我們再來探討屬靈生命的傳遞，首先，我們來看夏娃是指什麼？在屬靈的意思上，她是影射教會，是屬靈生命之母。因為耶穌的生命是借著教會傳遞下去的，正如經上記著：你們學基督的，師傅雖有一萬，為父的卻是不多，因我在基督裡用福音生了你們；所以我求你們效法我，因此我已打發提摩太到你們那裡去。他在主裡面，是我所親愛，有忠心的兒子；他必提醒你們，紀念我在基督裡怎樣行事，在各處各教會中怎樣教導人。林前四 15－17。

哥林多教會的信徒是保羅在基督裡，用福音生的。如經上所記：不生育的，生了七個兒子，多有兒女的，反到衰微。撒上二 5。

你這不懷孕不生養的，要歌唱，你這未曾經過產難的，要發聲歌唱，揚聲歡呼；因為沒有丈夫的，比有丈夫的兒女更多。這是耶和華說的。賽五十四 1。

這兩個地方的經文，都是指屬靈的生養。在世人的眼光裡，不生育的，怎麼會生了七個兒子？沒有丈夫的，怎麼能夠比有丈夫兒女更多？保羅就是這樣的人，他雖然沒有肉身的兒女，但他的屬靈兒女有多少？那個家庭的兒女比他還多？

我小子啊，我為你們再受生產之苦，直等到基督成形在你們心裡。加四 19。

在這裡我們是否看到，保羅在基督裡用福音不但生了哥林多教會的信徒，也照樣生了加拉太教會的信徒。可是，當保羅離開他們時，他們被那些信耶穌的猶太人迷惑，他們主張信耶穌還要加上律法和割禮，不然就不能得救。經上記著：

我希奇你們這麼快離開那借著基督之恩召你們的，去從別的福音。那並不是福音，不過有些人攪擾你們，要把基督的福音更改了。但無論是我們，是天上來的使者，若傳福音給你們，與我們所傳給你們的不同，他就應當被咒詛。我們已經說了，現在又說，若有人傳福音給你們，與你們所領受的不同，他就應當被咒詛。加一 6－9。

弟兄們，我若仍舊傳割禮，這什麼還受逼迫呢？若是這樣，那十字架討厭的地方就沒有了。恨不得那攪擾你們的人把自己割絕了。加五 11－12。

這些人迷惑了加拉太的信徒，離開了保羅所傳給他們的福音。不但離開了，反而視保羅為仇敵。但是保羅還是苦口婆心地勸導他們。如經上所記：

但從前你們不認識神的時候，是給那些本來不是神的作奴僕；現在你們既然認識神，更可說是被神所認識的，怎麼還要歸回那懦弱無用的小學，情願再給他作奴僕呢？你們謹守日子、月份、節期、年份，我為你們害怕，惟恐我在你們身上是枉費工夫。弟兄們，我勸你們要像我一樣；因為我也像你們一樣，你們一點沒有虧負我。你們知道我頭一次傳福音給你們，是因為身體有疾病。你們為我身體的緣故受試煉，沒有輕看我，也沒有厭棄我，反倒接待我，如同神的使者，如同基督耶穌。你們當日所誇的福氣在那裡呢？那時你們若能行，就是把自己的眼睛剜出來給我，也都情願。這是我可以給你們作見證的。如今我將真理告訴你們，就成了你們的仇敵嗎？那些人熱心待你們，卻不是好意，是要離間（原文作"把你們關在外面"）你們，叫你們熱心待他們。在善事上，常用熱心待人，原是好的，卻不單我與你們同在的時候才這樣。我小子啊，我為你們再受生產之苦，直到基督成形在你們心裡。我巴不得現今在你們那裡，改換口氣，因我為你們心裡作難。加四 12－20。

這段經文有不少爭議，主要有幾個不同的爭議：

其一：有人認為福音和真理是不一樣的，認為福音是恩典，真理就是要我們不再犯罪。他們也引用了約翰福音八章那個行淫的婦人，主耶穌不定她的罪，是恩典。叫她以後不要再犯罪了，這就是真理。因此，福音和真理是不一樣的。當我們傳福音給他們，就是恩典給信徒，他們都很高興領受。加拉太教會的信徒也不例外，當保羅第一次傳福音給他們時，他們待保羅如同神的使者，如同基督耶穌。甚至把自己的眼睛剜出來，給保羅醫治，都心甘情願。當保羅將真理告訴他們時，就成了他們的仇敵。福音恩典是通道，而真理是行道。

　　其二：有人是這麼認為：福音和真理其實是一樣的，只是在不同的場合而不同的說法。我們知道，主耶穌給我們的恩典，不會帶著什麼條件，如果帶條件，那就不是恩典。怪不得有人說，信耶穌好像搞傳銷。剛開始很好，什麼都是恩典。但當你一進入，就會發現恩典沒有了，什麼都是代價。你要怎麼怎麼作，才符合聖徒的體統。虔誠基督徒的標準，除了應該常有的禱告、唱詩歌、讀經外，還必須具備五大美德：謙卑、忍耐、奉獻、委身、順服。試想：這五大美德雖然是不錯，但是筆者在這裡試問，這五大美德，那一個傳道人或者牧師，信徒敢說，我具備五大美德？不用說是五大美德，就是一樣都做不到。在這裡我可以大膽地挑戰一下，就說謙卑一大美德。誰能說我做到了？沒有一個敢說。另外，我們退一萬步來說，“謙卑”多少年可以學會？我們知道，大學本科四年，我們有個盼頭。四年後我就是大本畢業，有這個盼頭，四年就很快過去了。但是這個“謙卑”需要多少年能學會？回答是一輩子的事。如果一輩子能學會，人生還是有盼望。這個“謙卑”一輩子能學會嗎？實實在在地告訴你，一輩還學不會。既然一輩子都學不會的東西，為什麼還教導信徒來學習呢？這不是傳銷還是什麼？帶給弟兄姐妹的，不是實際的東西，乃是永遠辦不到的，這不是空話、假話、大話。如果說這是假、大、空，我們還有情可願，不可容忍的是用屬靈的行話來騙弟兄姐妹，說：這是一輩子的功課，我們一輩必須要學的。剛才說過，既然是學不會的，為什麼要一輩子去學？他們為什麼會這樣說呢？就是他們不明白什麼是道？這就是現今教會的悲哀。他們既然不明白什麼是道，當然更不明白生命之道與德行的關係。不明白這二者的關係，當然會導致本末倒置。我們應當知道，整本聖經中從來沒有把道德兩字合在一起用。不但聖經這樣記載，就是中國的老子，他所著的道德經，也是道與德分開的，道篇與德篇。我們應該清楚，道生德。只有道的人才會生出德來，沒有道的人還有德嗎？為什麼我們稱為傳道人？不稱為傳德人？有傳道人不會傳道，單講什麼五大德行，還美其名曰：行為之道。試問：行為是道嗎？傳道人應該傳道，這是義不容辭，也是名符其實。如果傳道人不會傳道，或者不去傳道，這個傳道人還是傳道人嗎？人家如果喊你傳道人，難道不慚愧嗎？不害羞嗎？我們明白，道是福音，道也是真理。如經上所記：從他豐滿的恩典裡，我們都領受了，而且恩上加恩。律法是借著摩西傳的；恩典與真理都是由耶穌基督來的。約一 16－17。

　　恩典與真理都是從耶穌基督來的，也可以說，恩典與真理都是從道來的。這個道給我們帶來了豐滿的恩典，我們也都領受了。不但如此，他的恩典是恩上加恩。主耶穌在世時告訴門徒：我來了，是要叫羊（或作“人”）得生命，並且得的更豐盛。約十 10 下。道得的更多，就會更體會主耶穌的恩典更多。這裡很嚴肅地說，信耶穌不是搞傳銷，不是把人拉過來，拉得越多效益越高。不是的，信耶穌是恩上加恩，不是索取，乃是付出。付出的不是代價，是感恩。宗教是索取，也可以說是斂財；信仰是付出。約但河水分開這是一個例子：

　　約書亞吩咐百姓說：“你們要自潔，因為明天耶和華必在你們中間行奇事。”約書亞又吩咐祭司說：“你們抬起約櫃，在百姓前頭過去。”於是他們抬起約櫃，在百姓前頭走。耶和華對約書亞說：“從今日起，我必使你在以色列眾人眼前尊大，使他們知道我怎樣與摩西同在，也必照樣與你同在。你要吩咐抬約櫃祭司說：‘你們到了約但河的水邊上，就要在約但河水裡站住。’”書三 5－8。

　　在這裡我們明顯地看到，對百姓的要求與對祭司的要求是不一樣的。百姓只要自潔，就可以了，因為神必行奇事。那祭司的要求是抬著約櫃，先下水。等水分開，一步步下到河中，然後站在河中間，等百姓全都過了約但河，他們才可以從河裡往上走。試想這個畫面，如果我們傳道人是祭司的話，就應該聽從約書亞的話，毫無懷疑，憑著信心，抬著約櫃邁向約但河。這就如溫州有句俗語：牽牛下水，自腳先濕。意思是想把牛牽到水裡，必須自己先下水，牛才跟你下去。自己不下去，想牛下水是不可能的。

　　話又說回來，當祭司抬著約櫃，一腳踩到約但河的水邊，約但河的水就分開。一步走一邊分，邊走邊分。那個時候，祭司的心情太好了，當然是一邊走，一邊口唱哈利路亞讚美神。如果這個機會讓我們遇見，我們真是太感謝神了。在神跡面前，誰都會讚美。約書亞吩咐他們，要站在河中間，等百姓全都過了約但河，祭司才可以從河裡上來。試想，真正的考驗不是抬約櫃下水。我們知道，抬約櫃下水，是非常容易的事情。為什麼這樣說呢？因為約書亞吩咐他們的是，約但河的水會因著你們抬的約櫃，你們往下走，河水就會分開。如果河水不分開，他們就不下去了。但是河水是分開了，可是叫他們站在約但河的中間，那就不一樣的心情。我們可以試想，兩邊不是牆，兩邊是水，誰知道這水會停留多久？走下去是雄心，站在那裡是寒心。如果叫我們站在那裡，我們會是什麼樣的心情？雖然環境不是很好，但是我們在聖經上看到，祭司並沒有害怕，反而很鎮靜。他們知道，神必保護他們。在這件事情上，祭司是先下去，最後上來，使神的名得著榮耀。因此，我們如果使神的名得榮耀，傳道人應當先擺上。有人認為，教會裡面奉獻跟不上，傳道人的生活怎麼辦？傳道人勉勵弟兄姐妹憑信心，但自己卻沒有信心？如保羅在林後十一 27－29。試想，當時的祭司如果沒有信心，從約但河裡直接上去，或者，等百姓過了一些後，他們抬著約櫃，不顧後面的百姓，自己先上去，那會是什麼樣的結果？神的名能得榮耀嗎？不用嘴唇親近主，心卻遠離主，所以拜神，也是枉然的。太十五 8－9。因為神是活人的神，不是死人的神。可十二 27、路二十 38。

　　其三：一次得救永遠得救的人認為，加拉太教會的信徒，保羅第一次傳福音給他們，他們沒有得到生命，因此，也就是他們那時還不能得救。他們認為得救後的救恩就不會失去，既然加拉太教會的信徒會離開保羅所傳的福音，那就證明他們當時沒有得救。

　　在這個問題上，有人認為：一次得救永遠得救是一個偽命題；根本是不成立的。他們將救恩與得救混淆，我們知道，救恩是耶穌基督作成，一次作成，就永遠有效。耶穌基督沒有必要再釘十字架，因為他一次獻上，就得以成聖。來十 10。更何況主耶穌基督是不變的，經上說：耶穌基督昨日今日，一直到永遠，是一樣的。來十三 8。

　　但得救是人的事，試問：人能不變嗎？人不但不能不變，而且是變的太快了。變得使人不可思議，就是親人朋友，無法想像。我們處在一個社會，沒有利益衝突，你好我好，大家好。耶穌愛你，我也愛你！真是太虛偽了！耶穌愛我們是真實的，試問：你能愛我嗎？如果你我之間發生利益衝突時，你還會愛我嗎？人世間的道理是，你死我活。誰也不想吃虧，都想佔便宜。但是我們的主耶穌是你活我死，所以，只有他是真實的愛我。

　　筆者在一個神學院裡面修課，有一位教授在上課時，提一個問題：你們中間有誰在一天時間裡完全信主耶穌？有誰能作到的舉手？其餘的同學都不舉手，卻有一位自認為很虔誠的同學舉起手來。你們認為這個同學能在一天之內完全信耶穌嗎？答案你們去思想吧！

　　聖經的脈絡很清晰，從亞當開始，神賜予他屬靈的生命，亞當會犯罪嗎？答案：是。我們知道，犯罪是屬魔鬼的。亞當犯罪後，屬靈生命離開他。但當他求告神時，又與屬靈的生命有分。因為經上說：凡求告主名的，就必得救。羅十 13。

　　在這裡保羅講的比較明白，他第一次傳福音給他們，他們待他如同神的使者，如同耶穌基督。但現在保羅說，我小子們哪，我要為你們再受生產之苦，直等到基督成形在你們心裡。這裡很明顯地看到，保羅已經為他們經歷了一次生產之苦，所以說，要為他們再受生產之苦。加拉太教會的信徒，雖然從保羅得到了屬靈生命。可是他們受人的迷惑，離開了起初所領受的。他們離開了起初所領受的福音，就是離開了主耶穌，我們試想，離開了主耶穌，還有屬靈的生命嗎？當然沒有。只要離開了主耶穌，屬靈的生命就會離開你，就是定律。這個定律保羅很清楚，所以聖靈默示保羅說：

我為你們害怕，惟恐我在你們身上是枉費了工夫。加四 11。

保羅當然知道這個要害，才苦口婆心地勸他們，只要回轉，主耶穌還是愛他們。保羅也情願為他們再受生產之苦，保羅為什麼這樣說呢？這就經上所記的，我傳福音給你們，你們待我是好的無比；但我現在將真理傳給你們，就成為你們的仇敵。這個真理，不是保羅叫他們怎樣行，乃是告訴他們，這個真理是指什麼？請看經文：

無知的加拉太人哪，耶穌基督釘十字架，已經活畫在你們眼前，誰又迷惑了你們呢？我只要問你們一件：你們受了聖靈，是因行律法呢？是因聽信福音呢？你們既靠聖靈入門，如今還靠肉身成全嗎？你們是這樣的無知嗎？加三 1－3。

按照這段經文，保羅說的 "真理" 應該是指兩個方面，一是指耶穌的十字架；二是指他們受了聖靈。也可以這麼理解，十字架是指福音，受聖靈是指真理。既靠聖靈入門，就應該靠聖靈成全。如經上所記：

因為賜生命聖靈的律，在基督耶穌裡釋放了我，使我脫離罪和死的律了。羅八 2。

這裡告訴我們，信徒心裡的兩個律。一個是賜生命聖靈的律；另一個是罪與死的律。上面我們提到，聖靈與生命互用。得到了主耶穌賜給我們的生命，也叫 "聖靈"，就是靠聖靈入門，靠聖靈成全。經上又告訴我們：

順著情欲撒種的，必從情欲收敗壞；順著聖靈撒種的，必從聖靈收永生。加六 8。

這裡清楚告訴我們，是順從情欲？還是順從聖靈？順從情欲的，就是罪；罪的工價就是死。順從聖靈，必從聖靈得永生；這是定律。加拉太教會的弟兄姐妹，他們既然靠聖靈入門，就應該靠聖靈成全。但他們被那些假弟兄的迷惑後，不照這個定律，反其道而行之。其結果可想而知，所以保羅說：你們是這樣的無知嗎？

我們知道，難道只有加拉太教會的信徒會變，變成這樣的無知？我們比他們強嗎？誰也不敢保證！我們處在末後的世代，面臨的誘惑比他們那時更大，異端比他們那時更多。所以，我們不要喝那些心靈雞湯，一次得救，永遠得救。神預定好了，神揀選了我。試想，你是誰！你比其他人優秀？善良？美貌？英俊？如經上所記：我恨惡一切的假道。詩一一九 104、128。要想明白神的揀選，請參閱拙著（神揀選的是誰）。現在的信徒比他們那個時代的信徒，更加要警醒，謹慎。為什麼這樣說呢？因為主來的日子越來越近了，魔鬼知道自己的日子不多了。啟十二 12。假基督、假先知已經到世上了。太二十四 24、可十三 22。如經上所記：

務要謹守，警醒；因為你們的仇敵魔鬼，如同吼叫的獅子，遍地遊行，尋找可吞吃的人。你們要用堅固的信心抵擋他，因為知道你們在世上的眾弟兄也是經歷這樣的苦難。那賜諸般恩典的神曾在基督裡召你們，得享他永遠的榮耀，等你們暫受苦難之後，必要親自成全你們，堅固你們，賜力量給你們。彼前五 8－10。

不管我們怎樣變化或者失敗，但我們知道，救恩在主耶穌是不變的，只要主耶穌讓我們在他的日子裡還活著，這就證明主耶穌還是愛我們，給我們悔改的機會。亞當犯罪，神給他悔改的機會是 930 年，洪水前時代，神給他們悔改的時間是 120；現今給我們的時間，是我們犯罪後還活著的日子。聖經是一脈相承，神的愛永不改變。抓緊回轉吧？回到主耶穌裡面。不要自己欺哄自己，一次得救永遠得救。回轉吧！回轉吧！聖經上提醒我們：

我告訴你們，不是的！你們若不悔改，都要如此滅亡！路十三 3、5。

綜上所述，我們知道，福音和真理是連貫性的。不是有人認為，福音是恩典，真理是行為。如果這樣的解釋成立，那麼保羅為什麼說加拉太教會的弟兄姐妹無知？因為他們是靠聖靈入門，然後靠肉身成全。加拉太教會這樣的作法，與他們的認知是一樣的。因此，同道們，我們要清楚，主耶穌給我們的是恩上加恩。如經上所記：

道成了肉身，住在我們中間，充充滿滿地有恩典有真理。我們也見過他的榮光，正是父獨生子的榮光。約翰為他作見證，喊著說：

“這就是我曾說：‘那在我以後來的，反成了在我以前的，因他本來在我以前。’”從他豐滿的恩典裡，我們都領受了，而且恩上加恩。律法是借著摩西傳的；恩典和真理都是由耶穌基督來的。約一14－17。

在這裡我們仔細地看看，這裡兩次提到恩典和真理。但也兩次提到有關恩典的用語，一次是“豐滿的恩典，”另一次是恩上加恩。我們知道，恩典是一般性用語，但豐滿的恩典肯定與一般性用語的恩典截然不同。是加強語氣，和恩上加恩是一樣的；也就是說：恩典加恩典。這樣的話，我們就清楚地知道，恩典和真理的關係。恩典是白白地給我們，而真理是要我們自己去作的。是嗎？斷乎不是！恩典是白白給我們，而真理更是白白地給我們。恩典與真理的關係，可以說：恩典加真理。恩典加真理是什麼呢？是豐滿的恩典，也是恩上加恩。主耶穌在十字架上為我們捨命，這是恩典；但主耶穌從死裡復活，賜給我們生命或“聖靈”。他不但赦免我們的罪，用自己的死作我們的贖價；而且從死裡復活，賜給我們保惠師聖靈（生命），上面說過：生命與聖靈是互用的。要想更多地瞭解這層關係，我們以後專題探討。

如經上所記：我要求父，父就另外賜給你們一位保惠師（或作“訓慰師”下同。），叫他永遠與你們同在，就是真理的聖靈，乃世人不能接受的；因為不見他，也不認識他；你們卻認識他，因他常與你們同在，也要在你們裡面。約十四16－17。

並且有聖靈作見證，因為聖靈就是真理。約壹五7。

這樣，我們就清楚了恩典與真理的關係，主耶穌給我們的是恩上加恩，不是恩典加律法，或者恩典加行為。這個真理的恩典是借著福音加給我們的，我們再來看幾個地方的經文：

寫信給那因信主作我真兒子的提摩太。提前一2上。

現在寫信給提多，就是照著我們共信之道作我真兒子的，多一4上。

就是為我在捆鎖中所生的兒子阿尼西母（此名就是“有益處”的意思）求你。門10。

綜上所述，我們清楚地看到，保羅不但生了哥林多教會的信徒，也生了加拉太教會的信徒，也生了提摩太，也生了提多。然後又生了阿尼西母。但記這些事，要叫你們信耶穌是基督，是神的兒子，並且叫你們信了他，就可以因他的名得生命。約二十31。

你們查考聖經，（或作“應當查考聖經”），因你們以為內中有永生；給我作見證的就是這經；然而，你們不肯到我這裡得生命。約五39－40。

人有了神的兒子就有生命，沒有神的兒子就沒有生命。約壹五12。

從以上的經文中，我們從保羅的經歷中，所看到的是，教會是陰性的，也是母性。教會是有生命的基督徒作成的，主耶穌基督是借著有生命的基督徒，將生命傳遞下去。這裡我們需要明白，神只有向亞當吹氣，沒有向夏娃吹氣。但是，神所賜予的生命，借著亞當傳遞給夏娃。但亞當不是夏娃的父，神乃是夏娃的父。同理，耶穌向門徒吹氣也只有一次，以後就再也沒有第二次出現。那這個屬靈生命也是借著門徒傳遞下去，但是，我們知道，將屬靈生命傳遞給我們的，他們不是我們的父。我們的父仍然是神，所以我們稱為神的兒子。將屬靈生命傳遞給我們的人，他們是我們的母。如經上記著，不生育的生了七個兒子。正如主耶穌基督在世上是女人的後裔，這個女人後裔給世人帶來了福音。照樣，教會這個女人，它的後裔，歷世歷代普及全世界，這個女人後裔承接了主耶穌基督賦於的大使命，將福音傳遍地極。

屬靈生命的傳遞探討到此。接下去我們來探討生命的組合。

第四篇：生命組合。

1：物質生命的組合。先讀幾段經文：

神說："我們要照著我們的形像，按著我們的樣式造人，使他們管理海裡的魚、空中的鳥、地上的牲畜和全地，並地上所爬的一切昆蟲。"神就照著自己的形像造人，乃是照著他的形像造男造女，又對他們說："要生養眾多，遍滿地面，治理這地；也要管理海裡的魚、空中的鳥和地上各樣行動的活物。"創一26－28。

耶和華用地上的塵土造人，將生氣吹在他鼻孔裡，他就成為有靈的活人，名叫亞當。創二7。上文我們已經探討過，人的物質生命是照神的形像與樣式造的，神用的材料是塵土。因此，我們可以這樣說，造人的材料是塵土，人整體的形狀是神的形像，人結構的複雜是神的樣式。因為筆者不是醫學家，也不是生物家，所以不能對人體的解剖。只能在聖經中所記的，以及自己所知道的常識來作為佐證。我們先來看幾段經文：

你的手創造我，造就我的四肢百體，你還要毀滅我。求你紀念，製造我如團泥一般；你還要使我歸於塵土嗎？你以皮和肉為衣，給我穿上，用骨與筋，把我全體聯絡。伯十8－11。

約伯記裡面很簡單的記述，神是怎樣的造人；神造人的方法如窯匠和泥一樣，先造四肢百骨，然後用皮和肉為衣服，用骨與筋，把人的全體聯絡。在這裡我們也可以看到，約伯說：你還使我歸於塵土嗎？這就說明神造人的材料是塵土。四肢百骨、皮和肉為衣服穿上，又用骨與筋使全體聯絡，這就使我們明白，全體聯絡是形像，四肢百骨、皮和肉、筋，這些是構造，也就是我們所說的樣式。

（我的生命尚在我裡面，神所賜呼吸之氣仍在我鼻孔內。）伯二十七3。約伯在上面記述了神所造的肉體之外，在這節經文中又告訴我們，約伯雖然受了極大的試煉，離死只差一步，但是他知道，他的生命還在他的裡面。有什麼證明，他的生命還在他的裡面？就是神所賜呼吸之所仍在我的鼻孔內。因此，我們從約伯記裡面看到，人的物質生命，除了四肢百骨、皮和肉，筋之外，還有神賜給人的呼吸之氣。除了這些以外，物質生命還具備什麼呢？我們再來從聖經中挖掘。

我的肺腑是你所造的，我在母腹中，你已覆庇我。我要稱謝你，因我受造奇妙可畏，你的作為奇妙，這是我心深知道的。我在暗中受造，在地的深處被聯絡；那時，我的形體並不向你隱藏。我未成形的體質，你的眼早已看見了；你所定的日子，我尚未度一日（或作“我被造的肢體尚未有其一”），你都寫在你的冊子上了。詩一百三十九 13－16。

這裡是大衛被神的靈默示寫出來的，他稱謝神不是單單造了我們外面所看見的，連我們在裡面的肺腑都是他所創造的。這個肺腑，也就是我們現在人所常說的，五臟六腑。或者說是：心、肝、脾、肺、腎、大腸、小腸、膀胱等等。當我們不注意時，好像沒有什麼了不起，爸媽生我就是這樣，這些都已經具備了。古人教導我們，父母的生育之恩；要我們報答父母。雖然這樣的教導是不錯，但是我們知道，這是普遍的真理。父母生我們，普天之下誰沒有父母？如果我們明白道的話，就會知道，這不是終極真理。終極真理是什麼呢？就是神造人。所以我們不管你是誰，都要稱謝神！這才是道，也就是終極真理。

當我們明白終極真理後，你就會像過去的先知義人一樣，時時稱謝神。你如果再注意默想一下，你就會覺得神造人太奇妙了！大衛從他內心發出感歎，神太愛人了！不但是神造了大衛的肺腑，而且大衛在母腹中，神已經覆庇他。被造的肢體尚未有其一，神都寫在他冊子上了。這段經文被一次得救永遠得救的人，或者是預定論的人是大用特用。他們認為，大衛在這裡所寫的，你所定的日子，他們認為是神預定了大衛在世應該是多少日子，也就是我們所說的活到某年、某月、某日。然後，神又把他的名字寫在生命冊上。而且他們引用了經文：

我看見死了的人，無論大小，都站在寶座前。案卷展開了，並且另有一卷展開，就是生命冊。死了的人，都憑著這些案卷所記載的，照他們所行的受審判。啟二十 12。

他們認為這是神的預定，寫在冊子上的，就不會被塗抹。他們還信口開河，說那些弱智的話。神不會像小孩子做作業，塗抹來塗抹去；如果塗抹來塗抹去的話，這個冊子還像冊子嗎？這樣的智商，真是叫人哭笑不得。他們只抓住一處對他們有益處的經文，而且完全不顧其它與這裡矛盾的經文。這個矛盾的經文是怎麼說的呢？我們一起來讀一下：

摩西回到耶和華那裡說："唉！這百姓犯了大罪，為自己作了金像。倘或你肯赦免他們的罪……不然，求你從你所寫的冊子上塗抹我的名。"耶和華對摩西說："誰得罪我，我就從我的冊子上塗抹誰的名。現在你去領這百姓，往我所告訴你的地方去，我的使者必在你前面引路；只是到我追討的日子，我必追討他們的罪。"出三十二 31－34。

這裡經文明顯告訴我們，這個冊子上名字是可以塗抹的。為什麼說可以塗抹呢？我們知道，因為人是會變化的。今天你可以看到這個人不錯，但是你不能保證他明天也不錯。而且我們知道，我們覺得這個人不錯，可是會有人說這個人不好。俗語也是這樣說：日久見人心，路遙知馬力；蓋棺定論。只有死了的人，後人才可以對他的功過評說，對活著的人能評論功過嗎？如果要對活著的人評論是非功過，那就是癡人說夢。有多少人改邪歸正，也有多少人晚節不保！誰也不可能保證信耶穌以後，就永遠不犯罪？但是我們知道，聖經上告訴我們：

犯罪是屬魔鬼的，因為魔鬼從起初就犯罪。神的兒子顯現出來，為要除來魔鬼的作為。凡從神生的，就不犯罪，因神的道（原文作"種"）存在他心裡；他也不能犯罪，因為他是從神生的。從此就顯出誰是神的兒女，誰是魔鬼的兒女；凡不行義的就不屬神，不愛弟兄的也是如此。約壹三 8－10。

因為人都會犯罪，當我們犯罪後，就會與神的生命隔絕。我們就會受到魔鬼的轄制，當我們認罪後，就得到赦免。得到赦免，我們就不受魔鬼轄制，重新與神的生命有分。只有不受魔鬼轄制，與主耶穌基督同在，我們才是自由。神是公義的神，摩西求神赦免百姓的罪時，他感覺到百姓這個罪犯得太大了，無法得到神的赦免。因為他是以色列人首領，是他聽從神的話，從埃及把他們領出來，應許他們必得迦南地為業。可是，不但沒有領他們進入迦南，反而他們要在曠野面臨滅絕。那時，摩西的心情，我們是否有此同感？現在除了他，沒有別人能去和神說話，或者求情。他自己也沒有辦法向神交代，這些百姓太悖逆了。因此，他決定用自己應得的一切，來換取以色列人的平安，也就是說，只要神肯赦免他們的罪，願意神將他從冊子上塗抹。換句話說，就是神不紀念他，或者，要他去死，都是心甘情願。只要神對以色列民的應許能夠成就，他自己無論損失多少，均是無怨無悔。當摩西這樣的要求時，神沒有答應他的要求，乃是對他說，誰得罪我，我就從我的冊子上塗抹誰的名。可見，這不是預定論，也不是一次得救，永遠得救。既然是這樣，那我們怎麼去理解詩篇上面所說的呢？我們知道，那裡是大衛稱謝神的用語，我們可以知道，舉一個簡單的例子：我們吃飯時為什麼要稱謝神？因為我們知道，我們的一切好處都不在他以外；都是神所賜予的，這話有錯嗎？沒有錯。如果我們自己不勞力，躺在床上，什麼都不幹，每天就念念有詞，神會賜予的。可以嗎？當然不可以。那我們怎麼樣理解神的賜予？我們應當知道，這是宏觀的概念；也是終極真理。什麼是微觀概念？手懶的，要受貧窮；手勤的，卻要富足。這是普遍真理。箴十4。

　　如經上告訴我們：從前偷竊的，不要再偷；總要勞力，親手作正經事，就可有餘分給那缺少的人。弗四28。所以，基督徒比世人更要殷勤。因為，世人只有世上物質的享受，我們不但世上要享受，我們還需要將來的享受。因此，基督徒要比世人付出更多的勞力，原因就在於此。所以，我們不用強調神的主權，而忽略了神的公平，以及我們本身的責任。對於這個教義，我們以後有時間，可以專門探討。

　　現在再來看一處經文：正說這話的時候，耶穌親自站在他們當中，說：“願你們平安。”他們卻驚惶害怕，以為所看的是魂。耶穌說：“你們為什麼愁煩？為什麼心裡起疑念呢？你們看我的手，我的腳，就知道實在是我了。摸我看看！魂無骨無肉，你們看，我是有的。”說了這話，就把手和腳給他們看。路二十 36－40。

這裡是主耶穌復活後向門徒顯現時所說的話，物質生命和非物質生命的區別。因為門徒看見主時，他們知道主耶穌已經復活了，而且，向他們顯現時，不受物質的門和牆的阻隔，也不受空間的阻隔，說來就來，說去就去。所以，他們認為主耶穌基督已經是非物質生命了。也就是經上所說的，他們驚惶害怕，以為所看到的是魂。但是主耶穌基督安慰他們，你們為什麼愁煩？為什麼心裡起疑念呢？你們可以看我的手，我的腳。實在是我，魂是無骨無肉的。可我是有的，還把自己的手和腳給他們看。因為，那個時候耶穌還沒有升天，在地上和門徒同在，所以還是物質生命的體現。那個時候的物質生命與我們現在的物質生命有區別，我們現在是非物質生命在物質生命裡面，非物質生命受到物質生命限制。而且，非物質生命不能離開物質生命，所以會受到空間的阻隔。但是主耶穌復活後，那時的物質生命不能限制非物質生命。那時的主動權在非物質生命，非物質生命不受物質生命的限制。從死裡復活後，物質生命也隨著改變，然後與非物質生命連結在一起。升天後，非物質生命與物質生命都成為非物質生命。在這裡筆者再說一句，非物質生命可以行物質生命的事，但物質生命不能行非物質生命的事。例如：主耶穌復活後，可以讓門徒看他的釘痕，摸他的肋旁，還可以與他們吃餅與魚。我們將來也是一樣，那是生命的結局，我們下面再探討。

就如身子是一個，卻有許多肢體；而且肢體雖多，仍是一個身子；基督也是這樣。我們不拘是猶太人，是希利尼人，是為奴的，是自主的，都從一位聖靈受洗，成了一個身體，飲於一位聖靈。身子原不是一個肢體，乃是許多肢體。設如腳說：“我不是手，所以不屬乎身子；”它不能因此就不屬身子。設若耳說：“我不是眼，所以不屬乎身子；”它也不能因此就不屬乎身子。若全身是眼，從那裡聽聲呢？若全身是耳，從那裡聞味呢？但如今神隨自己的意思把肢體俱各安排在身上了。若都是一個肢體，身子在那裡呢？但如今肢體是多的身子卻只一個。眼不能對手說：“我用不著你；” 頭也不能對腳說：“我用不著你。” 不但如此，身上肢體，人以為軟弱的，更是不可少的；身上肢體，我們看為不體面，越發給它加上體面；不俊美的，越發得著俊美。我們俊美的肢體，自然用不著裝飾；但神配搭這身子，把加倍的體面給那有欠缺的肢體，免得身上分門別類，總要肢體彼此相顧。若一個肢體受苦。所有的肢體就一同受苦；若一個肢體得榮耀，所有的肢體就一同快樂。林前十二 12－26。

　　這裡的經文告訴我們，身子只有一個，但有許多肢體。聖經上教導我們，信主耶穌基督後，我們都是主耶穌身上的肢體。肢體雖然這麼多，但身子只有一個。這麼多的肢體，互相結合，才是一個完全的身子。我們教會的弟兄姐妹雖多，但我們同屬於基督。如果我們是屬於身子，每個肢體都會互相照應，這是駁不到的理。而且在這裡我們應該明白，每個人都不是一樣的，正如神是獨一無二，我們像他，也是獨一無二的。一個身子有無數個不同的肢體組合，只要每個肢體都安在自己的部位上，就會發揮肢體的功用。現在我們是不明白自己是那個肢體，所以也不知道自己應該擺在那裡比較合適。試想，擺錯了位置，這個肢體能發揮功用嗎？不但不能發揮功用，反而讓人笑話。沒有給身子帶來榮耀，反而給身子帶來受苦。教會成不了燈檯，就是我們這些肢體的緣故，沒有榮耀主，反到榮耀人。主的名在外邦人中沒有得到因得的榮耀，反而被外邦人譭謗。弟兄姐妹三思，我們是一個身子嗎？我們有彼此相顧嗎？有彼此相愛嗎？世人也這麼說，血濃於水。

　　流你們血的、害你們命的，無論是獸、是人，我必討他的罪，就是向各人的弟兄也是如此。凡流人血的，他的血也必被人所流；因為神造人，是照自己形像造的。創九 5－6。

　　這裡我們看到，流人血的、害人命的，神必追究。這裡的 “追究” 不是等到將來神的追究，乃現在就追究。流人血的，他的血也必被人所流。就是世人所說的，現世報。殺人者償命，很多的國家都有這條法律，這條法律最早的依據就在此處。在這裡我們是否有看到，物質生命組合的另一部分。流人血，害人命。這裡把物質生命分成二個不同的名詞，一是血，二是命。這個 "血" 還是指血；而這個 "命" 是指整個肉體。

兒女既同有血肉之體，他也照樣親自成了血肉之體，特要借著死敗壞那掌死權的，就是魔鬼。來二 14。

這節經文告訴我們人都有血肉之體，主耶穌為了拯救我們，作我們的贖價，所以，他也成了血肉之體。血肉之體必須要經過死，正常人死了就死了，到他們該去的地方，沒有什麼特別的意義。但主耶穌基督的死是不同的，他特要借著死，敗壞掌死權的魔鬼。上面講血和命，這裡講血和肉。其實內容是一樣的，也是講物質生命的二個層面。

因為我們雖然在血氣中行事，卻不憑著血氣爭戰。林後十 3。

當時那按著血氣生的，逼迫了那按著聖靈生的，現在也是這樣。加四 29。

這兩處經文擺在一起，我們是否能看到相同點？這裡的相同點是指血氣。也就是說物質生命二個層面，一是血，一是氣。所以，人的物質生命行事，都是憑著血氣。雖然我們現今活著，也就是指物質生命活著。當然行事也是物質生命的事，也可以說是在血氣中行事。既然在血氣中行事，自然會有這樣或那樣的錯誤。但每個人都要為自己的行為負責，或善或惡受報應。我們知道，在陰間沒有工作，傳九 10。在那裡沒有悔改。路十六 23－31。因此，我們抓緊悔改吧！想脫離永遠的苦刑，得享永遠的福氣，與主耶穌基督同在，就趁著現在。時不等人！

現在我們來看一下，物質生命是由那幾個層面組成的呢？我相信弟兄姐妹已經明白了。世人認為物質生命的組合，有三部分，血、氣、水。其一是身體，這個身體有百分之七十以上是水。所以，他們認為其一是水，其二是血，其三是氣。這三個層面最要緊的是什麼？是肉體嗎？肉體可以修復，醫治。缺腿缺胳膊都不是致命的，世界上還有殘疾人運動會，有些殘疾人比正常人還靈活。是血嗎？缺血可以輸血。可是沒有氣了，就不可能輸氣了。這個世界上有誰看見過，扛著氧氣罐生活的正常人嗎？這三者最關鍵的是我們看不見，摸不著，這個呼吸之氣是最要緊的。知道嗎？看不見的才是最厲害的，對嗎？不要信口開河，看不見的都不信。看不見的卻實在存在的，是你我最可怕的。不要認為我們是唯心論，無神論者是唯物論。恰恰相反，我們是真正的唯物論者，我們是把真實的東西告訴你。無神論者是把看不見的東西認為是唯心，看得見物質是唯物。我們知道，看見的東西不等於真實，如太陽、月亮、星星等。看不見的東西不等於不真實，如氣息、電波等等。正如經上所記：那殺身體不能殺靈魂的，不要怕他們；惟有能把身體和靈魂都滅在地獄裡的，正要怕他。太十 28。

　　物質生命的組合，世人都承認，三個層面，血、氣、水。物質生命有三個層面，而非物質生命呢？有幾個層面。下面來探討非物質生命。

　　2：非物生命。

　　非物質生命的組合，不管是三元論，二元論，有一個相同的認識。人不但有物質生命，也具有非物質生命。上面我們已經探討過，物質生命有三個層面的組合，缺一不可。這三個層面，最重要的是看不見的氣。看見的是暫時的，看不見的是永遠的。林後四 18。

　　如經上所記：我們因著信，就知道諸世界是借神話造成的；這樣，所看見的，並不是從顯然之物造出來的。來十一 3。我們首先來看幾段經文：

　　她將近於死，靈魂要走的時候，就給她兒子起名叫便俄尼，他父親卻給他起名叫便俄憫。創三十五 18。這裡是記載拉結生小兒子的過程，因為難產，她生了這個小孩子時，就死了。這也是神對雅各的剝奪。眾所周知，拉結是雅各最愛的，神卻讓她先死了。拉結在自己未死之先，靈魂要走的時候，就給她所生的兒子起名叫便俄尼。可見，靈魂要走時，有不少的人會知道。這樣的見證肯定很多，這裡就不提了。"便俄尼"名字的意義是"苦難之子"，因為拉結生這個小兒子確實痛苦。但他父親不希望他的小兒子成為苦難之子，所以，就叫他為便雅憫。"便雅憫"名字的意思，右手之子，有依靠的兒子。這裡是聖經中第一次出現的靈魂二字，在人看來，靈魂與身體分開，那人就死了。

以利亞三次伏在孩子的身上，求告耶和華，說：“耶和華我的神啊！求你使這孩子的靈魂仍入他的身體。”耶和華應允以利亞的話，孩子的靈魂仍入他的身體，他就活了。王上十七 21－23。這裡是記述以利亞在撒勒法寡婦家中，她的兒子突然死了。這個寡婦當然很傷心，雖然經歷了先知給她帶來了母子二人生活上的幫助，在饑荒中免了死亡。如果這個寡婦的兒子是死于饑荒，她也只能怪自己無能，無法讓孩子活著。可是現在不同了，這個大先知就在她家中，一把面和一滴油，養活了他們三人，安然渡過了長時間的饑荒。現在的孩子，正是無憂無慮，健康地生長。這個寡婦一生的盼望，也在這個孩子身上。對於自己的前途，美好的憧憬時，卻飛來橫禍，惟一的兒子突然身無氣息。這個寡婦心理上的打擊確實太大了，也是無法接受。因此，產生了怨言。婦人對以利亞說：“神人哪！我與你何干？你竟到我這裡來，使神想念我的罪，以致我的兒子死呢？”王上十七 18。

在這幾段經文中，我們可以清楚地看到，在世人的眼光裡，靈魂離開身體，這人必定死亡；也就是物質生命的終結，這是普世所公認的真理。不但是世人公認，就是聖經中也這樣記著：往遭喪的家去，強如往宴樂的家去；因為死是眾人的結局，活人也必將這事放在心上。傳七：2。因此，我們必須明白，聖經中所記載的所有文字，不等於都是終極真理；正如，肉體的死亡不是終極真理一樣。在神的面前，也就是在實際之中，人的生命不是在於肉體，乃是在乎非物質生命。正如主耶穌說過：叫人活著的乃是靈，肉體是無益的。約六 63。

人的靈是耶和華的燈，監察人的心腹。箴二十 27。這是智慧書中的智慧，一般上來說，這節經文不是好理解的。眾說紛紜，恢復版解釋：人的靈是神在人裡面的燈。在人重生之靈裡面照耀的光，乃是神自己。（約壹一 5。）就如燈盛裝光並彰顯光，照樣，人的靈受造是要盛裝神並彰顯神。為要讓神聖的光照進人內裡的各部分，神靈作為油，必須浸潤（調和）作為燈芯的人的靈（參羅八 16，）並與人的靈一同（焚燒）。（羅十二 11。）

　　改革宗認為是：代表神的君王義無反顧地懲罰惡人，善待窮人。在這兩句君王主持公義的王室箴言之間，插入了第 27 節的保證：因為耶和華與每個人都有關係，他必執行完全的公義，在這單元的引言，"燈" 代表人的生命（20 節），單元的總結（27 節）首尾呼應地再用這象徵來進一步代表人的洞察力。（出於改革宗翻譯的新譯本，聖經研讀版）

　　恢復版認為人的靈是神在人裡面的燈，在人重生之靈裡面照耀的光，乃是神自己。在這節經文中，是指普世人，還是指重生後的信徒？這裡已經明顯地是指世上所有的人，不是指基督徒。因此，這樣的解釋確實有張冠李戴之嫌。再來看以下的解釋，燈是盛裝光並彰顯光。更是牽強附會，燈如果不點著，有光嗎？彰顯光是對的，但盛裝光是錯的。誰見過那個時代的燈能盛裝光？真是似是而非。他們是將老一套來瞎蒙，用人的靈受造就是為盛裝神並彰顯神；來給無知的人洗腦。再者，他們又說，神的靈作為油，必須浸潤（調和）作為燈芯的人的靈，並與人的靈一同（焚燒）。想像力太豐富了，人的靈是耶和華的燈，為什麼又成為燈芯呢？這個燈是指全備的燈呢還是指燈的部分部件？如果是指部分的部件，那可以另當別論。如果是是指全備的燈，那為什麼神的靈作為油？眾所周知，燈沒有油，這燈還有什麼用處呢？既然沒有用處，那聖經又為什麼說，人的靈是耶和華的燈，監察人的心腹。沒有用處的燈，能監察人的心腹？這樣的解釋對嗎？請恢復的同道們三思！

　　我們再來看改革宗的解釋，"燈" 代表生命。（20 節）來詮釋，聽起來好像很對，但一追問，就覺得不妥。20 節是這樣記的：咒罵父母的，他的燈必熄滅，變為漆黑的黑暗。我們知道，他們所指的生命是指那個層面的生命？是指物質生命嗎？如果是指物質生命，那應該理解，咒罵父母的，這人就死掉了。可是現實不是這樣，既然與現實不符，那就不能說是物質生命。如果不是指物質生命，那就只能是非物質生命。如果說：咒罵父母的，他的燈必熄滅，是指非物質生命的死亡，那就更解釋不通了。眾所周知，自從始祖犯罪，死就臨到眾人。世上所有的人，不管你是誰，都是一樣的結局。因此，我們應該明白，這裡的燈不能代表生命。退一萬步來說吧，生命是活的，而燈卻是死的。上面我們也說過，燈如果沒有油，那這個燈還有用嗎？使燈成為光的，不是燈的本身，乃是盛裝在燈裡面的油。所以，燈不能代表生命。他們又說：首尾呼應地再用這象徵來進一步代表人的洞察力。這就更奇怪了，燈是代表生命，還象徵"洞察力"？

既然我們認為他們解釋的不妥，那應該怎麼去理解這節經文呢？聖經上這樣說：人的靈是耶和華的燈，監察人的心腹。首先，我們來探討，人的靈與神的關係。這層關係是什麼？是耶和華的燈。這個燈是指神所造的一個器皿，這個器皿在人的身上起什麼作用？乃是監察人的心腹。也就是說，這個器皿乃是指導人的行為動向。正如經上所說：你要保守你心，勝過保守一切（或作"你要切切保守你心"），因為一生的果效，是由心發出。箴四 23。

耶穌基督在世上的時候，將這個燈比作眼睛。眼睛就是身上的燈，你的眼睛若了亮，全身就光明；你的眼睛若昏花，全身就黑暗。你裡頭的光若黑暗了，那黑暗是何等的大呢！太六 22。裡面的燈黑暗了，人的行為動向就沒有方向了，四處摸索，這就是世人的光景。看不見光，就喜歡行惡。自作聰明，反成愚拙。

原來神的忿怒，從天上顯明在一切不虔不義的人身上，就是那些行不義阻擋真理的人。神的事情，人所能知道的，原顯明在人心裡；因為神已經給他們顯明。自從造天地以來，神的永能和神性是明明可知的，雖是眼不能見，但借著所造之物，就可以曉得，叫人無可推諉。因為他們雖然知道神，卻不當作神榮耀他，也不感謝他。他們的思念變為虛妄，無知的心就昏暗了。自稱為聰明，反成了愚拙。羅一 18－22。

他們雖知道神判定行這樣事的人是當死的，然而他們不但自己去行，還喜歡別人去行。羅一 32。

你眼睛就是身上的燈。你的眼睛若了亮，全身就光明；眼睛若昏花，全身就黑暗。所以，你要省察，恐怕你裡頭的光或者黑暗了。若是你全身光明，毫無黑暗，就必然光明，如同燈的明光照亮你。路十一 34－36。

此等不信之人被這世上的假神弄瞎了心眼，不叫基督榮耀福音的光照著他們。林後四 4。

人的靈是耶和華的燈，從以上這些經文中，我們是否看到。神造人的靈，作用是什麼？乃是監察人的心腹。這個燈如果亮著，人就會向善。我們知道，神是善的。只有向神，那才是對的。這個燈滅了，人就不會向神了，那就會行惡了。人心裡的眼睛因犯罪，被假神弄瞎。所以就看不見光了。經上也記著：

沒有律法的外邦人若順著本性行律法上的事，他們雖然沒有律法，自己就是自己的律法。這是顯出律法的功用刻在他們心裡，他們是非之心同作見證，並且他們的思念互相較量，或以為是，或以為非。羅二 14－15。

外邦人的本性是什麼？順著本性就能行律法上的事。這樣看來，律法是聖潔的，誡命也是聖潔、公義、良善的。羅七 12。這樣，我們知道，外邦人的本性也是良善的。正如孔子說：人之初，性本善。俗語說：惻隱之心，人皆有之。因此，這個本性可以說，就是指人的靈，也就是耶和華的燈。這個燈就是不點著，雖然沒有光，但它還是真實存在的。它既然存在，就必定有他的作用。世人犯罪後，為什麼會害怕？為什麼會後悔？為什麼會內疚？這就是這個燈的作用，監察人的心腹。

因為那至高至上，永遠長存（原文作“住在永遠”）名為聖者的如此說：“我住在至高至聖的所在，也與心靈痛悔謙卑的人同居，要使謙卑人的靈蘇醒，也使痛悔人的心蘇醒。我必不永遠相爭，也不長久發怒，恐怕我所造的人與靈性，都必發昏。”賽五十七 15－16。

這節經文告訴我們，有時“靈”與“心”是互用的。神造人的時候，物質生命與非物質生命是一同被造的，雖然是一同被造，但並不是一樣，是有區分的。

馬利亞說："我心尊主為大，我靈以我的救主為樂。"路一 46。

以上的經文都只記載"心"與"靈"。也就是改革宗認為的二元論，因為這個觀點接受的人比較多。但是以下的經文，應該怎麼理解呢？三元論與二元論，究竟孰是孰非？筆者不參與辯論，只能將有關的經文列出來，供同道們參考。

神救贖我的靈魂免入深坑，我的生命也必見光。神兩次、三次，向人行這一切的事，為要從深坑救回人的靈魂，使他被光照耀，與活人一樣。伯三十三 28－30。

不可不管教孩童，你用杖打他，他必不至於死。你要用杖打他，就可以救他的靈魂免下陰間。箴二十三 13－14。

主啊！人得存活，乃在乎此；我靈存活，也全在此。所以求你使我痊癒，仍然存活。看哪，我受大苦，本為使我得平安，你因愛我的靈魂（或作"生命"），便救我脫離敗壞的坑，因為你將我一切的罪，扔在你的背後。賽三十八 16－17。

那殺身體不能殺靈魂的，不要怕他們；惟有能把身體與靈魂都滅在地獄裡的，正要怕他。太十 28。

耶穌嘗（原文作"受"）了那醋，就說："成了！"便低下頭，將靈魂交付神了。約十九 30。

他們正用石頭打的時候，司提反呼籲主說："求主耶穌接收我的靈魂；"徒七 59。

就是你們聚會的時候，我的心也同在。奉我們主耶穌的名，並用我們主耶穌的權能，要把這樣的人交給撒但，敗壞他的肉體，使他的靈魂在主耶穌的日子可以可以得救。林前五 4－5。

婦人與處女也有分別。沒有出嫁的，是為主的事掛慮，要身體與靈魂都聖潔；已經出嫁的，是為世上的事掛慮，想怎樣叫丈夫喜悅。林前七 34。

親愛的弟兄啊，我們既有這等應許，就當潔淨自己，除去身體、靈魂一切的污穢。林後七 1。

我也甘心為你們的靈魂費財費力。林後十二 14 上。

我們卻不是退後入沉淪的那等人，乃是有信心以致靈魂得救的人。來十 39。

　　身體沒有靈魂是死的，信心沒有行為也是死的。雅二 26。

　　以上的經文都是講靈魂，類似的經文很多，不能一一例舉。以下我們來看一下，靈與魂分開的經文。

　　到了早晨，拿八醒了酒，他的妻將這些事都告訴他，他就嚇得魂不附體，身僵如石頭一般。撒上二十五 37。

　　天勢都要震動，人想起那將要臨到世界的事，就都嚇的魂不附體。路二十一 26。

　　他們卻驚惶害怕，以為所看見的是魂。耶穌說：「你們為什麼愁煩？為什麼心裡起疑念呢？你們看我的手，我的腳，就知道實在是我了。摸我看看！魂無骨無肉，你們看，我是有的。」說了這話，就把手和腳給他們看。路二十四 37－40。

　　第二天，他們行路將近那城，彼得約在午正上房頂去禱告；覺得餓了，想要吃，那家的人正預備飯的時候，彼得魂遊象外，看見天開了，有一物降下，好像一塊大布，系著四角，縋在地上。裡面有地上各樣四足的走獸和昆蟲，並天上的飛鳥。又有聲音向他說：「彼得，起來！宰了吃。」彼得卻說：「主啊，這是不可的，凡俗物與不潔淨的物，我從來沒有吃過。」第二次有聲音向他說：「神所潔淨的，你不可當作俗物。」這樣一連三次，那物隨即收回天上去了。徒十 9－16。

　　彼得就開口把這事挨次給他們講解，說：「我在約帕城裡禱告的時候，魂遊象外，看見異象，有一物降下，好像一塊布，系著四角，從天縋下，直來到我跟前。我定睛觀看，見內中有地上四足的牲畜和野獸、昆蟲，並天上的飛鳥。」徒十一 4－7。

　　後來我回到耶路撒冷，在殿裡禱告的時候，魂遊象外，看見主對我說：『你趕緊地離開耶路撒冷，不可遲延；因你為我作的見證，這裡的人必不領受。』我就說：『主啊，他們知道我從前把信你的人收在監裡，又在各會堂裡鞭打他們。並且你的見證人司提反被害流血的時候，我也站在旁邊歡喜；又看守害死他之人的衣服。』主向我說：『你去吧！我要差你遠遠地往外邦人那裡去。』徒二十二

17－21。

　　願賜平安的神親自使你們全然成聖。又願你們的靈與魂與身子得蒙保守，在我主耶穌基督降臨的時候，完全無可指摘。帖前五 23。

　　這些經文是靈和魂分開的。綜上所述，我們不管是三元論，還是二元論，結論是：非物質生命的組成，是由靈魂組成的。靈魂是分開的，還是不能分開，筆者不作評論。但是有不少神學家們，他們不但將靈魂分開，而且他們認為：靈是由良心、交通、直覺三種元素組成；魂是由心思、意志、情感三種元素組成。還有傳道人用希臘的哲學來告訴信徒：筆者認為：分的越細，問題就越多。試想：那位神學家們將這些元素分的清楚？不是越講越亂嗎？我們可以捫心自問，一個人的指揮機構在那裡？在大腦還是在心裡？難道說：魂在大腦，靈在心裡？有人說：你怎麼講話不經過大腦？意思就是說，太隨便了。不是想到那就說到那，乃是看到或者聽到那就說到那。有人辦事說話，都是深思熟慮，城府很深。那這兩種人的行事與說話是出於靈還是魂？再者，我們可以試想，現今的傻子、癡呆、植物人，有沒有靈魂？非物質生命的組合，我們暫時探討到這裡，下面我們繼續探討屬靈生命的組合。

　　3：屬靈生命。為了探討屬靈生命的組合，我們首先來看經文：

　　惟有一個兵，拿槍紮他的肋旁，隨即有血和水流出來。約十九 34。這節經文是聖經中惟一的，不但是惟一的，而且連相對或者近視的經文都沒有，確實是一處特殊的經文。我們知道，特殊的經文當然會有特殊的意義。在這裡我們不妨來看一下經文：

　　猶太人因這日是預備日，又因那安息日是個大日，就求彼拉多叫人打斷他們的腿，把他們拿去，免得屍首當安息日留在十字架上。於是兵丁來，把頭一個人的腿，並與耶穌同釘第二個人的腿，都打斷了。只是來到耶穌那裡，見他已經死了，就不打斷他的腿。約十九 31－33。

　　按照猶太人的慣例，或者規矩，在安息日，屍首是不能掛在十字架上的，必須要取下來。因為釘十字架的犯人，幾個小時是不能死的，如果還把犯人掛在十字架上等死，誰也不知道需要多久？每個犯人的體質不一樣，死在十字架的時間也不同。沒有兵丁在十字架下面，等候犯人死了以後，再把他弄下來。因此，他們的規矩或者慣例，是把犯人的腿打斷，他就不會跑掉，然後讓他自己慢慢地等死。所以，我們在下面看到的經文：

這些事成了，為要應驗經上的話說：“他的骨頭一根也不可折斷。”經上又有一句說：“他們要仰望自己所紮的人。”約十九 36－37。

這兩節經文引用不同的地方，他的骨頭一根也不可折斷，這句話引用了三處經文。第一處是在出十二 46。應當在一個房子裡吃，不可把一點肉從房子裡帶到外頭去，羊羔的骨頭，一根也不可折斷。這是講逾越節吃羊羔定例，影射到主耶穌的骨頭一根也不可折斷。

第二處是在民數記裡面，記載若有人不能在正月十四日守逾越節，必須要在二月十四日補上。這也是逾越節條例的修訂，使他們和他們的後人，如果有客觀的原因，不能在正月十四日守逾越節，可以在二月十四日守。

耶和華對摩西說：“你曉喻以色列人說：你們和你們後代中，若有人因死屍而不潔淨，或在遠方行路，還要向耶和華守逾越節。他們要在二月十四日，黃昏的時候，守逾越節。要用無酵餅和苦菜，和逾越節的羊羔同吃。一點不可留到早晨，羊羔的骨頭一根也不可折斷。他們要照逾越節的一切律例而守。”民九 9－12。

第三處經文在：又保全他一身的骨頭，連一根也不折斷。詩三十四 20。

他們要仰望自己所紮的人，這句話引用了兩處經文。

第一處：犬類圍著我，惡黨環繞我，他們紮了我的手、我的腳。詩二十二 16。

第二處：我必將那施恩叫人懇求的靈，澆灌大衛家和耶路撒冷的居民。他們必仰望我，就是他們所紮的；亞十二 10 上。

因為這些事成了，是要應驗經上的話。現在我們再回來探討 34 節的經文，這節經文的特殊解釋在那裡呢？首先，我們來看：惟有一個兵，拿槍紮他的肋旁，這個兵為什麼拿槍紮他的肋旁呢？對我們有什麼教導呢？"肋旁"這兩個字熟悉嗎？聖經在那裡出現過？好像沒有，對嗎？"肋骨"這兩個字見過嗎？見過。在那裡？我們來讀一下：

耶和華神使他沉睡，他就睡了。於是取下他的一根肋骨，又把肉合起來。耶和華神用那人身上所取的肋骨，造成一個女人，領她到那人跟前。那人說："這是我骨中的骨，肉中的肉，可以稱她為'女人'因為她是從男人身上取出來的。"因此，人要離開父母，與妻子連合，二人成為一體。創二 21－24。

從這段經文中，我們是否有點啟發？耶和華神使他沉睡，他就睡了。這是指首先的亞當，但我們知道，亞當乃是那以後要來之人的預象。羅五 14 下。主耶穌是末後的亞當，林前十五 45。所以，我們看到，主耶穌在十字架的死，是神叫他沉睡，他就睡了。取下他的一根肋骨，又把肉合起來。當然是先割開肋旁，才可以取下一根肋骨。割開肋旁時，肯定有血和水流出來，但在創世記裡沒有記載。取下肋骨以後，又把肉合起來。但約翰福音所記的是，紮他的肋旁，有血和水流出來。並沒有說，取下一根肋骨，作為聖經的互補來看，這兩段經文真是有意思。在創世記裡面記載的是，神用亞當的肋骨造夏娃。約翰福音裡面記載的是，耶穌基督從他的肋旁流出血水，產生了地上的教會。肋骨造女人，作為亞當的配偶。血水產生教會，作為主耶穌的新婦。領她到那人跟前。那人說：這是我骨中的骨，肉中的肉。可以稱她為'女人'，因為她是從男人身上取下來的。因此，人要離開父母，與妻子連合，二人成為一體。我們到了主耶穌跟前，主耶穌說，我們是他骨中的骨，肉中的肉，可以稱我們是'女人'；因為我們是從主耶穌身上取下來的。因此，人要離開父母，與妻子連合，二人成為一體。這節經文不好理解，那時，只有亞當與夏娃，那裡有他們的父母呢？既然沒有他們的父母，那聖經為什麼要這樣記呢？這裡肯定有其他意思。我們要明白，再來看一段經文：

因我們是他身上的肢體（有古卷在此有"就是他的骨他的

肉”）。為這個緣故，人要離開父母，與妻子連合，二人成為一體。這是極大的奧秘，但我是指著基督和教會說的。弗五 30－32。在這裡我們是否清楚一點，原來創世記所記載的，不是單單為亞當和夏娃記的，乃是為我們這些後代的人說的。在我們物質生命來說，我們都要離開父母，與妻子連合，二人成為一體。屬靈的意思，是指主耶穌離開寶座，與教會連合，成為一體。

　　因為主說：“二人要成為一體。”但與主聯合的，便是與主成為一靈。林前六 16 上－17。在以上的解釋中，我們已經知道，屬靈的生命組合，有血和水，兩種元素。是主耶穌基督在十字架被釘死後，兵丁槍紮肋旁而流出來。這裡的血和水是什麼意思呢？

　　我們先來看一下恢復版的翻譯：惟有一個兵用槍紮他的肋旁，隨即有血和水流出來。他們的翻譯幾乎與和合本沒有多大的差距。現在我們來看他們的解釋：從主被紮的肋旁，流出兩樣東西；血和水。血是為著救贖，為著買召會（徒二十 28）而對付罪（一 29，來九 22）；水是為著分賜生命，為著產生召會（弗五 29－30）而對付死（十二 24，三 14－15）。主的死在消極一面，除去我們的罪；在積極一面，將生命分賜到我們裡面。因此，主的死有救贖與分賜生命這兩面，救贖的一面是為著分賜生命的一面。其他三卷福音的記載只是為著主死救贖的一面，但約翰的記載不僅是為著救贖的一面，更是為著分賜生命的一面。在太二十七 45、51，十五 33，路二十三 44－45，有象徵罪的黑暗出現，並且聖殿裡將神與人隔開的幔子裂開了。這些乃是主救贖之死的表號。在路二十三 34，主在十字架上說：“父啊，赦免他們。” 在太二十七 46 主說：“我的神，我的神，你為什麼棄絕我。” （因為那時他擔當我們的罪。）這些話也是描述主救贖的死。但在本章 34、36 節，約翰說到流出的水，和沒有折斷的骨頭，這些是主分賜生命之死（見 26 注 1）的表號。這分賜生命的死，將主神聖的生命從他裡面釋放出來，為著產生召會，就是由全體有他神聖生命分賜到裡面的信徒所組成的。主這分賜生命的死，乃是亞當沉睡產生夏娃所預表的（創二 21－23），也是一粒麥子落在地裡死了，結出許多子粒（十二 24），為著作成餅

－基督的身體（林前十 17）──所表徵的。因此，主的死也是繁殖生命，擴增生命的死，產生並繁生的死。

　　主被紮的肋旁是亞當那裂開產生夏娃的肋旁所預表的（創二 21－23），"血"是逾越節羊羔的血所預表的（出十二 7、22，啟十二 11），"水"是從那被擊打的磐石流出的水所預表的（出十七 6 林前十 4）.血形成洗罪的泉源（亞十三 1），水成了生命的泉源（詩三六 9，啟二一 6）。

　　改革宗的譯本是怎麼譯的呢？但是有一個士兵用槍刺他的肋旁，立刻有血和水流出來。這樣的翻譯基本上還是差不多，槍紮肋旁，血水流出，這都是他們公認的事實。那我們看他們是怎麼解釋？用槍刺他肋旁：除了這個細節之外，約翰又在 39－40 節敘述安葬的預備，在 41 節指出特定的墳墓，以排除耶穌真的死了的任何質疑。刺耶穌的身體，和沒有打斷他的骨頭，兩者都應驗了舊約聖經的預言（36－37 節）。他死的時候骨頭沒有折斷，符合民 9：12 的禮儀規條，也是詩 34：20 所預示的。用槍刺耶穌應驗了亞 12：10。見（大問答）49；（比利時宣言）34。立刻有血和水流出來：約翰描寫這個細節作為宣誓書，確證耶穌的肉身和他的死都是真實的。這也可能表示心臟破裂，這只有在極端創痛下才會發生的。有些人認為這句話帶有象徵意義，與約壹 5：6－8 有關聯（另見亞 13：1）。

　　我們先來看他們的解釋，完全不在一個層面上。因為改革宗的解釋完全是站在理性方面，認為槍刺肋旁是細節，應驗了舊約預言，符合禮儀規條。血和水流出來，也是細節，確證耶穌肉身是真實，也可能表示心臟破裂，附帶一句，有些人認為這句話帶有象徵意義。意味著他們無法採納，象徵意義的說法。

　　為什麼近期召會發展的這麼快？從他們的解釋聖經上可見一斑。召會的解釋，不但有理性、也講舊約聖經的應驗、更強調象徵與預表。這樣的解釋是現代人比較好接受的，也就是筆者所說的，我們要作一個時代的傳道人。既然筆者對恢復版的解釋，給予這麼高的評價，是認同他們嗎？非也！不過是以事論事而已。現在我們來看恢復版的解釋，他們的問題出在那裡？筆者投石問路。

　　其一：他們認為血和水，血是為著救贖，為著買召會（徒二十
28）而對付罪（一 29，來九 22）；水是為著分賜生命，為著產生召
會（弗五 29－30）而對付死（十二 24，三 14－15）聽起來比較屬
靈，條理也清晰。血為救贖、買召會、對付罪。水為分賜生命、產
生召會、對付死。把血和水的作用，簡單明瞭地擺在我們面前。還
引用了這麼多的經文，難道說他們錯了嗎？這個問題我們會繼續探
討，在這裡筆者先提示一下。在聖經中血的作用，就只有救贖一種
解釋嗎？水是為著分賜生命，用弗五 29－30 能解釋嗎？這是問題
的所在，不能牽強附會，張冠李戴。

　　其二：主的死在消極一面，除去我們的罪；在積極方面，將生
命分賜到我們裡面。因此，主的死有救贖和分賜生命這兩面，救贖
的一面是為著分賜的一面。我們都知道，聖經的教導，主耶穌基督
復活重生了我們。彼前一 3。如果主耶穌的死，已經將生命分賜給
我們，那重生是什麼呢？怎樣理解重生？請同道們三思！

　　其三：因此，主的死也是繁殖生命，擴增生命的死，產生並繁
生的死。他們這樣的解釋如果成立的話，那耶穌基督就不用復活
了。因為耶穌的死是，繁殖生命、擴增生命、產生並繁生。那聖經
又為什麼告訴我們：她們就進去，只是不見主耶穌的身體。正為這
事猜疑之間，忽然有兩個人站在旁邊，衣服放光。婦女們驚怕，將
臉伏地。那兩個人對她們說：“為什麼在死人中找活人呢？他不在
這裡，已經復活了。當紀念他還在加利利的時候，怎樣告訴你們，
說：‘人子必須被交在罪人手裡，釘在十字架上，第三日復活。’”
路二十四 3－7。

　　其四：“水”是從那被擊打的磐石流出的水所預表的（出十七
6，林前十 4）。血形成洗罪的泉源（亞十三 1），水成了生命的泉源
（詩三六 9，啟二一 6）。他們這樣的解釋，可以算是井水不犯河水，
涇渭分明。只有血可以洗罪，水不能洗罪；只有水可以分賜生命，
血是不可。那我們先看聖經，怎麼說的：因為活物的生命就在血中。
我把這血賜給你們，可以在壇上為你們的生命贖罪；因血裡有生
命，所以能贖罪。利十七 11。無可非議，血是代表生命，也可以說，

是生命的象徵。要用水借著道把教會洗淨，成為聖潔。弗五 26。

　　既然他們講的都有問題，那我們應該來理解呢？眾所周知，要解答一個問題，必須要全面引用聖經，不能以偏蓋全。因此，我們要把整本聖經中，對血有關的經文，統統要過濾一遍，然後對照具體的問題，採納符合正意的經文，最後才可以分解。故此，我們先將有代表性的經文羅列一下，然後再對照，使這節經文能夠得到正意的解釋。

　　其一：血是代表生命。眾所周知，無可辨駁，血是生命的重要元素，血流盡了，就意味著這個人的生命已經到了盡頭。我們可以參考幾個地方的經文：

　　惟獨肉帶著血，那就是它的生命，你們不可吃。流你們血、害你們命的，無論是獸、是人，我必討他的罪，就是向各人的弟兄也是如此。凡流人血的，他的血也必被人所流；因為神造人，是照自己的形像造的。創九 4－6。

　　凡以色列家中的人，或是寄居在他們中間的外人，若吃什麼血，我必向那吃血的人變臉，把他從民中剪除。因為活物的生命是在血中。我把這血賜給你們，可以在壇上為你們的生命贖罪，因血裡有生命，所以能贖罪。因此我對以色列人說：你們都不可吃血，寄居在你們中間的外人也不可吃血。凡以色列人，或是寄居在他們中間的外人，打獵得了可吃的禽獸，必放出它的血來，用土掩蓋。論到一切活物的生命，就在血中。所以我對以色列人說：無論什麼活物的血，你們都不可吃，因為一切活物的血，就是他的生命。凡吃了血的，必被剪除。利十七 10－14。

　　只是你要心意堅定，不可吃血，因為血是生命，不可將血（原文作“生命”）和肉同吃。申十二 23。

　　使創世以來，所流眾先知血的罪，都要問在這世代人的身上；就是從亞伯的血起，直到被殺在壇和殿中間撒迦利亞的血為止。我實在告訴你們，這都要問在這世代的人身上。路十一 50－51。

　　耶穌說：“我實實在在地告訴你們，你們若不吃人子的肉，不喝人子的血，就沒有生命在你們裡面。吃我肉喝我血的人就有永生，在末日我要叫他復活。我的肉真是可吃的；我的血真是可喝的。吃我肉喝我血的人常在我裡面，我也常在他們裡面。”約六 53－56。

我們所祝福的杯，豈不是同領基督的血嗎？我們所擘開的餅，豈不是同領基督的身體嗎？林前十 16。

你們每逢吃這餅，喝這杯，是表明主的死，直等到他來。所以無論何人，不按理吃主的餅，喝主的杯，就是干犯主的身、主的血了。人應當自己省察，然後吃這餅、喝這杯。因為人吃喝，若不分辨是主的身體，就是吃喝自己的罪了。因此，在你們中間有好些軟弱和患病的，死得也不少（“死”原文作“睡”）。我們若是先分辨自己，就不至於受審。我們受審的時候，乃是被主懲治，免得我們和世人一同定罪。林前十一 26－32。

其二：血是使人成聖。若山羊和公牛的血，並母牛犢的灰，灑在不潔的人身上，尚且叫人成聖，身體潔淨；何況基督借著永遠的靈，將自己無瑕無疵獻給神，他的血豈不更能洗淨你們的心（原文作“良心”），除去你們的死行，使你們事奉那永生神嗎？來九 13－14。

按著律法，凡物差不多都是用血潔淨的，若不流血，罪就不得赦免了。來九 22。

所以耶穌要用自己的血叫百姓成聖，也就在城門外受苦。來十三 12

何況人踐踏神的兒子，將那使他成聖之約的血當作平常，又褻慢施恩的聖靈；你們想，他要受的刑罰該怎樣加重呢？來十 29。

我們若在光明中行，如同神在光明中，就彼此相交，他兒子耶穌的血也洗淨我們一切的罪。約壹一 7。

並那誠實作見證的，從死裡首先復活，為世上君王元首的耶穌基督，有恩惠、平安歸於你們。他愛我們用自己的血使我們脫離罪惡（“脫離”有古卷作“洗去”）。啟一 5。

長老中有一位問我說：“這些穿白衣的是誰？是從那裡來的？”我對他說：“我主，你知道。”他向我說：“這些人是從大患難中出來的，曾用羊羔的血把衣服洗白淨了。”啟七 13－14。

其三：血是代表贖罪。因為活物的生命是在血中，我把這血賜給你們，可以在壇上為你們贖罪；因血裡有生命，所以能贖罪。利十七 11。

聖靈立你們作全群的監督，你們就當為自己謹慎，也為全群謹慎，牧養神的教會，就是他用自己血所買來的（或作“救贖的”）。徒二十 28。

因為你們是重價買來的，所以要在你們身子上榮耀神。林前六 20。

你們是重價買來的，不要作人的奴僕。林前七 23。

我們借這愛子的血，得蒙救贖，過犯得以赦免，乃是照他豐富的恩典。弗一 7。

知道你們得贖，脫去你們祖宗所傳流虛妄的行為，不是憑著能壞的金銀等物，乃是憑著基督的寶血，如同無瑕疵，無玷污的羊羔之血。彼前一 18－19。

他們唱新歌，說：“你配拿書卷，配揭開七印，因為你曾被殺，用自己的血從各族、各方、各民、各國中買了人來，叫他們歸於神，又叫他們成為國民，作祭司，歸於神，在地上執掌王權。”啟五 9－10。

其四：血是立約證據。摩西將血灑在百姓身上，說：“你看！這是立約的血，是耶和華按這一切話與你們立約的憑據。”出二十四 8。

錫安哪！我因與你立約的血，將你中間被擄而囚的人，從無水的坑中釋放出來。亞九 11。

他們吃的時候，耶穌拿起餅來，祝福，就掰開，遞給門徒，說：“你們拿著吃，這是我的身體。”又拿起杯來，祝謝了，遞給他們，說：“你們都喝這個，因為這是我立約的血，為多人流出來，使罪得赦。”太二十六 26－28。

他們吃的時候，耶穌拿起餅來，祝了福，就掰開，遞給門徒說：“你們拿著吃，這是我的身體。”又拿起杯來，祝謝了，遞給他們；他們都喝了。耶穌說：“這是我立約的血，為多人流出來。”可十四 22 － 24。

　　又拿起餅來，祝謝了，就掰開，遞給他們，說：“這是我的身體，為你們舍的，你們也應當如此行，為的是紀念我。”飯後也照樣拿起杯來，說：“這杯是用我血所立的新約，是為你們流出來的。”路二十二 19 － 20。

　　我當日傳給你們的，原是從主領受的，就是主耶穌被賣的那一夜，拿起餅來，祝謝了，就掰開，說：“這是我的身體，為你們舍的（“舍”有古卷作“掰開”）你們應當如此行，為的是紀念我。”飯後，也照樣拿起杯來，說：“這杯是用我的血所立的新約，你們每逢喝的時候，要如此行，為的是紀念我。”林前十一 23 － 25。

　　所以前約也不是不用血立的，因為摩西當日照著律法將各樣誡命傳給眾百姓，就拿朱紅色絨和牛膝草，把牛犢山羊的血和水灑在書上，又灑在眾百姓身上，說：“這血就是神與你們立約的憑據。”來九 18 － 20。

　　但願賜平安的神，就是那憑永約之血使群羊的大牧人我主耶穌從死裡復活的神。來十三 20。

　　在這裡筆者問一個題外題：新約是誰和誰的雙方立約？如果想要明白答案，請與筆者交通。雖然這是題外題，卻是一個重要的問題。我們如果不知道立新約的雙方，我們怎麼能支取新約裡面給我們的應許呢？據筆者所知，大約有百分之九十以上的信徒不明白。甚至有不少的傳道人，也是人云亦云。不知所從，真是瞎子摸象。耶穌是為我們立約，不是與我們立約！“為”和“與”相同嗎？看清楚“為”，不是“與”。

　　其五：血是成就和平。你們從前遠離神的人，如今卻在基督耶穌裡，靠著他的血，已經得親近了。因他使我們和睦（原文作“因他是我們的和睦”），將兩下合而為一。拆毀中間隔斷的牆；而且以自己的身體廢掉冤仇，就是那記在律法上的規條，為要將兩下借著自己造成一個新人，如此便成就了和睦。既在十字架上滅了冤仇，便借這十字架使兩下歸於一體。與神和好了；並且來傳和平的福音給你們遠處的人，也給那近處的人。弗二 13 － 17。

　　既然借著他在十字架上所流的血成就了和平，便借著他叫萬有，無論是地上的，天上的，都與自己和好了。西一 20。

　　筆者對聖經中所載，對有關血的功用，最起碼有這五個方面。不全面的地方，請同道們包涵。現在，我們再來看聖經中對於水的功用是怎麼記載的。

　　其一：水是生命之源。

　　起初神創造天地。地是空虛混沌，淵面黑暗；神靈運行在水面上。創一 1－2。

　　大家都知道，水是生命之源。從創世記一章開始，沒有任何物質生命，神的靈就就運行在水面上。可見，神是用水作為創造萬有的材料，然後，神的靈就運行在水面，開始創造了大地和一切有生命的活物。

　　他們故意忘記，從太古憑神的命有了天，並從水而出、借水而成的地。彼後三 5。

　　其二：水是孕育生命。神說："水要多多滋生有生命的物，要有雀鳥飛在地面以上，天空之中。"神就造出大魚和水中所滋生各樣有生命的動物，各從其類；創一 20－21 上。

　　耶穌說："我實實在在地告訴你，人若不是從水和聖靈生的，就不能進神的國。"約三 5。

　　其三：水是生命本質。上面我們已經探討過，人的物質生命，是由水、血、氣三元素組合的。因此，水是生命的本質。水是物質生命的本質，沒有人否認。可是水是不是指屬靈生命的本質呢？我們來看聖經怎麼說的：

　　節期的末日，就是最大之日，耶穌站著高聲說："人若渴了，可以到我這裡喝。信我的人，就如經上所記：'從他腹中要流出活水的江河來。'"耶穌這話是指著信他之人要受聖靈說的；那時還沒有賜下聖靈來，因為耶穌尚未得著榮耀。約七 37－39。

　　這處經文是引用了創二十六 19，活水井。耶二 13，活水的泉源。耶十七 13，活水的泉源。亞十四 8，活水。那我們為什麼說這活水是指生命呢？因為，耶穌說這話是指著信他之人要受聖靈說的。這節經文是比較有爭議的，為什麼會存在爭議呢？筆者上面已經提到，生命的起源錯誤了，才導致下面的經文無法解釋清楚，公說公的理，婆說婆的理。誰也不服誰？最後，不得不擱置爭議，算為聖經難題，不解釋也不講，不碰不說，默認就可以了。我們知道，聖經的難題不能回避，應該面對，我們才會有明白的時候。那個時代的人不明白，不等於我們這個時代、或者將來時代的人都不用明白。在這裡筆者也不想挑戰，更不想挑起大浪。但是我們知道，一個新的解釋出來，勢必引起爭議。好像一塊石子扔在河裡，如果沒有大的動靜，也會有細許漣漪。不發生動靜是不可能的！筆者不過是投石問路，拋磚引玉而已。如有冒犯，請同道們諒解。

在這裡我們要注意的經文是：那時還沒有賜下聖靈來，因為耶穌尚未得著榮耀。經文寫的很肯定，那時還沒有賜下聖靈來，因為耶穌尚未得著榮耀。也就是說，這位聖靈，必須要耶穌得到榮耀以後，才會賜下來，使信耶穌的人得到。為了明白這節經文，我們需要的是，找出問題的所在，然後才會明白經文所指的是什麼。首先，我們都知道，如果這位聖靈所指的是三一神的靈，也就是父、子、靈三個位格中，排列最後的聖靈。那我們就沒有辦法解釋這裡的經文，為什麼這樣說呢？

其一：從創世以來，三一神都是同工的，不會停止工作的。這樣的經文很多，筆者不一一例舉，想必同道們自己會清楚。

其二：三一神不會輪班的。如有人說：舊約是聖父時代、新約是聖子時代、耶穌升天以後，是聖靈時代。切記，三一神不是現在工廠的三班制。輪休！這樣的解釋真是太奇怪了，就是這樣怪異的教訓，還是會有人接受。怪不得有人問：聖經為什麼將我們信徒比作"羊"，不比作"牛"。典型的回答：一個字"笨"。自己不知道該去的地方，必須需要別人帶領。

既然，這樣的解釋不對，那我們怎樣理解這裡的經文。我們知道，主耶穌得榮耀的時候是指那個時間？當然是指他從死裡復活以後，也可以包括他的升天、再來。也就是說耶穌基督從死裡復活以後，聖靈才賜下來。給誰呢？給信耶穌的人。好了，耶穌復活後向門徒作了什麼？來看經文：

那日（就是七日的第一日）晚上，門徒所在的地方，因怕猶太人，門都關了。耶穌來站在當中，對他們說："願你們平安；"說了這話，就把手和肋旁指給他們看。門徒看見主，就喜樂了。耶穌又對他們說："願你們平安。父怎樣差遣了我，我也照樣差遣你們。"說了這話，就向他們吹一口氣，說："你們受聖靈。你們赦免誰的罪，誰的罪就赦免了；你們留下誰的罪，誰的罪就留下了。"約二十 19─23。上面我們已經探討過，這裡就不重述了。這裡提到的聖靈，是指耶穌基督復活以後，賜給我們的屬靈生命。

正如經上記著說：願頌贊歸於我們主耶穌基督的父神！他曾照自己的大憐憫，借耶穌基督從死裡復活，重生了我們，叫我們有活潑的盼望。彼前一 3。我們知道，重生的生命就是屬靈生命。因此，也就是生命的本質。

其四：水是生命必須。皮袋的水用盡了，夏甲就把孩子撇在小樹底下。自己走開約有一箭之遠，相對而坐，說："我不忍見孩子死。"就相對而坐，放聲大哭。創二十一 15─16。

耶和華以色列的盼望啊！凡離開你的，必至蒙羞。耶和華說："離開我的，他們的名字必寫在土裡，因為他們離棄我這活水和泉源。"耶十七 13。

耶穌回答說："凡喝這水的，還要再渴；人若喝我所賜的水，就永遠不渴；我所賜的水，要在他裡頭成為泉源，直湧到永生。"婦人說："先生，請把這水賜給我，叫我不渴，也不用來這麼遠打水。"約四 13─15。

因為寶座中的羔羊必牧養他們，領他們到生命水的泉源，神也必擦去他們一切的眼淚。啟七 17。

他又對我說："都成了。我是阿拉法，我是俄梅戛；我是初，我是終。我要將生命泉的不賜給那口渴的人喝。"二十一─6。

聖靈和新婦都說："來！"聽見的人也該說："來！"口渴的人也當來；願意的，都可以白白取生命的水喝。二十二 17。

其五：水能洗去污穢。他們進會幕，或是就近壇前供職，給耶和華獻火祭的時候，必用水洗濯，免得死亡。他們洗手洗腳，就免得死亡。這要作亞倫和他後裔世世代代永遠的定例。出三十 20－21。

凡摸那床的，必不清淨到晚上，並要洗衣服，用水洗澡。那坐患漏症人所坐之物的，必不潔淨到晚上，並要洗衣服，用水洗澡。利十五 5－6。

祭司必不潔淨到晚上。要洗衣服，用水洗身，然後可以進營。燒牛的人必不潔淨到晚上，也要洗衣服，用水洗身。民十九 7－8。

我必用清水灑在你們身上，你們就潔淨了。我要潔淨你們，使你們脫去一切的污穢，棄掉一切的偶像。結三十六 25。

要用水借著道把教會洗淨，成為聖潔，弗五 26。

並我們心中天良的虧欠已經灑去，身體用清水洗淨了，就當存著誠心和充足的信心來到神面前。來十 22。

這水所表明的洗禮，現在借著耶穌基督復活也拯救你們；這洗禮本不在乎除掉肉體的污穢，只求在神面前有無虧的良心。彼前三 21。

其六：水是悔改象徵。我是用水給你們施洗，叫你們悔改；但那在我以後來的，能力比我更——我就是給他提鞋都不配，他要用聖靈與火給你們施洗。太三 11。

照這話，約翰來了，在曠野施洗，傳悔改的洗禮，使罪得赦。可一 4。

主知道法利賽人聽見他收門徒，施洗比約翰還多，（其實不是耶穌親自施洗，乃是他的門徒施洗，）約四 1－2。

二人正往前走，到了有水的地方，太監說："我受洗有什麼妨礙呢？"（有古卷在此有，腓利說："你若是一心相信，就可以。"他回答說："我信耶穌基督是神的兒子。"）於是吩咐車站住，腓利和太監二人同下水裡去，腓利就給他施洗。徒八 36－38。

於是彼得說："這些人既受了聖靈，與我們一樣，誰能禁止用水給他們施洗呢？"就吩咐奉耶穌基督的名給他們施洗。徒十 47－48。

以上經文是筆者對聖經所記載，關於水的功用，至少有六個方面。現在我們對於聖經所記血和水進行梳理，然後我們再來看：約十九 34 裡所記的血和水，是否如他們所說的，血是指救贖；水是指生命？血形成洗罪的泉源（亞十三 1），水成了生命的泉源（詩三六 9，啟二一 6）。雖然他們也引用了聖經，可惜十分遺憾，他們引用的聖經是張冠李戴，是以偏蓋全。聖經中將血與水有時分開記載，不同的背景，當然解釋也不一樣。以上這麼多的經文依據，我們一般上是不太注意。現在我們再把有關血和水連在一起的經文來梳理一下，看看會是什麼樣的結果。好嗎？

只是你要心意堅定，不可吃血，因為血是生命，不可將血（原文作“生命”）和肉同吃。申十二 23。

耶穌說：“我實實在在地告訴你們，你們若不吃人子的肉，不喝人子的血，就沒有生命在你們裡面。吃我肉喝我血的人就有永生，在末日我要叫他復活。我的肉真是可吃的；我的血真是可喝的。吃我肉喝我血的人常在我裡面，我也常在他們裡面。” 約六 53－56。

我們所祝福的杯，豈不是同領基督的血嗎？我們所掰開的餅，豈不是同領基督的身體嗎？林前十 16。

你們每逢吃這餅，喝這杯，是表明主的死，直等到他來。所以無論何人，不按理吃主的餅，喝主的杯，就是干犯主的身、主的血了。人應當自己省察，然後吃這餅、喝這杯。因為人吃喝，若不分辨是主的身體，就是吃喝自己的罪了。林前十一 26－29。

這借著水和血而來的，就是耶穌基督；不是單用水，乃是用水又用血。約壹五 6。在這幾段經文中，我們可以知道，申十二 23 吩咐不可將血與肉同吃。肉體是指物質生命的一種元素，通常來說，這就是水。耶穌基督在世上時強調，他的肉真是可吃的，他的血真是可喝的；不吃他的肉喝他的血，就沒有生命在你們裡面。吃他肉喝他血的人就有永生。在這裡是否已經清楚了，血和水一起出現的經文是指生命而言。約壹五 6 說的更明白，這借著水和血而來的，就是耶穌基督；不是單用水，乃是用水又用血。我們知道，生命在他裡頭，他就是生命。所以，我們認定了，水和血是指生命。也可以說，創世記是亞當肋旁產生了夏娃，而新約的實際是耶穌基督的肋旁產生了地上的教會。在這裡我們可以將幾處經文作一個拼圖，使弟兄姐妹們清楚地明白屬靈生命的組合。

第一處經文：約十九 34，惟有一個兵，拿槍紮他的肋旁，隨即有血和水流出來。

第二處經文：約二十 22，說了這話，就向他們吹一口氣，說："你們受聖靈。"

第三處經文：約壹五 6－8，這借著水和血而來的，就是耶穌基督；不是單用水，乃是用水又用血，並且有聖靈作見證，因為聖靈就是真理。作見證的原來有三：就是聖靈、水與血，這三樣也都歸於一。

這三處經文的拼圖，是我們看到創世記中的生命起源。神造了一個有血有肉的亞當，然後向他吹氣，使他有了神的生命，所以亞當是神的兒子。有什麼見證呢？血、水、聖靈。神太奇妙了，也太幽默了，他造人的物質生命具備了三種元素，水、血、氣。那看不見的屬靈生命也是由三種元素組合，水、血、聖靈（氣）。因此，我們知道，一個人信耶穌的人，必須要完全相信，完全接受耶穌。我們不但相信他是道成肉身，為我們降生、為我們在十字架上的死、他為我們埋葬、復活、升天、再來。我們不能單單信他的降生、死、埋葬。他的復活、升天、再來沒有辦法相信和接受，那這個信徒就不是一個重生的信徒。我們知道，重生的信徒乃是一個真正相信的人，不等於說所有稱為信徒的人都已經重生。重生的基督徒他有三個見證，缺一不可，現在可以瞎混，或者說可以濫竽充數，可那時就沒有辦法，這三個見證也同歸於一。所以聖經上為什麼這樣強調，重生的重要，或作生命的重要。現在我們舉幾處經文，作為屬靈生命組合的結束。

你們既聽見真理的道，就是那叫你們得救的福音，也信了基督，既然信他，就受了所應許的聖靈為印記。這聖靈是我們得基業的憑據（原文作 "質" ），直等到神之民（ "民" 原文作 "產業" ）被贖，使他的榮耀得著稱讚。弗一 13－14。

因為我知道，這事借著你們的祈禱和耶穌基督之靈的幫助，終必叫我得救。照著我所切慕，所盼望的，沒有一事叫我羞愧；只要凡事放膽，無論是生是死，總叫基督在我身上照常顯大。因我活著就是基督，我死了就有益處。但我在肉身活著，若成就我功夫的果子，我就不知道該挑選什麼。我正在兩難之間，情願離世與基督同在，因為這是好得無比；然而，我在肉身活著，為你們更是要緊的。腓一 19/24。

所以，你們若真與基督一同復活，就當求上面的事；那裡有基督坐在神的右邊。你們要思念上面的事，不要思念地上的事。因為你們已經死了，你們的生命與基督一同藏在神裡面，他顯現的時候，你們也要與他一同顯現在榮耀裡。西三 1 － 4。

這借著水與血而來的，就是耶穌基督；不是單用水，乃是用水又用血，並且有聖靈作見證，因為聖靈就是真理。作見證的原來有三；就是聖靈、水與血，這三樣也都歸於一。約壹五 6－8。生命的組合我們探討到此，下面我們來探討生命的體現。

第五篇：生命體現。

1：物質生命。

耶華神所造的，惟有蛇比田野一切活物更狡猾。蛇對女人說："神豈是真說，不許你們吃園中所有樹上的果子嗎？"女人對蛇說："園中樹上的果子我們可以吃，惟有園當中那棵樹上的果子，神曾說'你們不可吃，也不可摸，免得你們死。'"蛇對女人說："你們不一定死，因為神知道，你們吃的日子眼睛就明亮了，你們便如神能知道善惡。"

於是女人見那棵樹上的果子好作食物，也悅人眼目，且是可喜愛的，能使人有智慧，就摘下果子來吃了；又給她丈夫吃，她丈夫也吃了。他們二人的眼睛就明亮了，才知道自己是赤身露體，便拿無花果樹的葉子，為自己編作裙子。創三1－7。

這裡我們看到的是：物質生命的體現，夏娃與蛇（撒但借著物質的蛇）對話。因為夏娃模糊了神的吩咐，隨便增添和刪減。才會給蛇有機可乘，蛇也乘機把神的吩咐增添與刪減，迎合了夏娃的好奇心，導致了夏娃上了試探的當。當夏娃中了試探後，我們看到經上怎麼說呢？一是好作食物、二是悅人眼目、三是可喜愛的、四是使人有智慧。這麼好的東西，還不去吃，豈不可惜！所以，就把神吩咐的話拋到九宵雲外去了。不但自己吃了，還拿回去給亞當吃。可見，當時的夏娃是非常的愛她的丈夫，把這美好的果子拿過來給丈夫吃。結果，亞當也吃了。如果當時亞當注意一下，不吃這果子，我們就不用經歷極重的勞苦。可惜，亞當還是聽從妻子的話。因為，他當時也十分地愛妻子，妻子拿過來的東西，照吃不誤，才導致與神所賜的生命隔絕，失去了榮耀或榮光，露出羞恥。為遮蓋羞恥，就用無花果樹的葉子來遮羞。這個葉子可以長久遮羞嗎？當然不能，但這是沒有辦法的辦法。這也是我們後人的寫照，當我們犯罪後，露出羞恥。我們就會用盡自己的方法，來為自己辯護。不但是辯護，更有甚者，不惜用替罪羔羊，舍車保帥。在這裡提醒一下，犯罪的信徒，惟一的方法，就是回到主耶穌面前，用他給我們遮羞。

如經上所記：

耶和華神為亞當和他妻子用皮子作衣服給他們穿。創三 21。

只有這件皮子的衣服，才能給我們長久遮羞。這件皮子的衣服不是亞當和夏娃他們自己作的，乃是慈愛的神所賜予的，這個恩典是白賜的，只要我們接受就可以了。求神祝福我們，用神給我們的皮子衣服，來取代我們自己用的無花果樹的葉子吧！

我們經過的日子，都在你震怒之下；我們度盡的年歲，好像一聲歎息。我們一生的年日是七十歲，若是強壯可到八十歲；但其中所矜誇的，不過是勞苦愁煩，轉眼成空，我們便如飛而去。詩九十 9－10。

這段經文我們所注意的是，是指人綜合的年令。現在人的平均年令也就是這個數字，八十左右。為什麼我們說這個數字是綜合年令，或是平均年令。因為我們知道，這是摩西所寫的，在摩西時代，在民數記裡，記載了摩西兩次普查人口。這個資料，肯定是那時得來的。雖然人生可以活到七十或者八十，在這一生中，有什麼可以矜誇的呢？聖經告訴我們，勞苦愁煩，轉眼成空，如飛而去！這十二個字就是人生物質生命的體現。

萬事令人厭煩（或作“萬物滿有困乏”），人不能說盡。眼看，看不飽；耳聽，聽不足。已有的事，後必再有，已行的事，後必再行。日光之下，並無新事。豈有一件事人能指著說：“這是新的？”哪知，在我們以前的世代，早已有了。已過的世代，無人紀念；將來的世代，後來的人也不紀念。我傳道者在耶路撒冷作過以色列的王。我專心用智慧尋求查究天下所作的一切事，乃知神叫世人所經練的，是極重的勞苦。傳一 8－13。

這裡說的比詩篇說的更詳細一點，人生在世上太厭煩了，說不盡、看不飽、聽不足。人生在世為什麼厭煩呢？除了以上的三個原因以外，還加上一個，神叫世人經練極重的勞苦。

我心裡說，來吧！我以喜樂試試你，你好享福。誰知，這也是虛空。我指嬉笑說，這是狂妄。論喜樂說，有何功效呢？我心裡察究，如何用酒使我肉體舒暢，我心卻仍以智慧引導我；又如何持住愚昧等我看明世人，在世上一生當行何事為美。

我為自己動大工程，建造房屋，栽種葡萄園，修造園囿，在其中栽種各樣果木樹；挖造水池。用以澆灌嫩小的樹木。我買了僕婢，也有生在家中的僕婢；又有許多牛群羊群，勝過以前在耶路撒冷眾人所有的。我又為自己積蓄金銀和君王的財寶，並各省的財寶。又得唱歌的男女和世人所喜愛的物，並許多妃嬪。

這樣，我就日見昌盛，勝過以前在耶路撒冷的眾人。我的智慧仍然存留。凡我眼所示的，我沒有留下不給他的；我心所樂的，我沒有禁止不享受的；因我的心為我一切所勞碌的快樂，這就是我從勞碌所得的分。後來，我察看我手所經營的一切事和我勞碌所成的功，誰知都是虛空，都是看捕風，在日光之下毫無益處。傳二 1 － 11 。

這是所羅門將他的經歷告訴後世的人，什麼是享福？是中國人講的妻、財、子、祿、壽嗎？在這裡所羅門對國人認為的五福，早超過了。因為他是以色列國最強盛時的國王，他的富有、地位，智慧，在他先後沒有一個國王象他一樣，可以說曠古絕今，無人能及。這樣的人生，對世上物質享受的總結；他講的是什麼呢？他講：是喜樂嗎？是嬉笑嗎？是喝酒嗎？是建造很多的房屋嗎？是置辦很多的產業嗎？是雇了很多的傭人嗎？是有很多的金銀嗎？是過君王的生活嗎？是幹一切自己想幹的事嗎？這一切，我們中間有的人終生沒有得到一樣的，能得到一部分的人，就認為是成功了，是成為成功人士，進入成功人士之列。

但所羅門都擁有了，而且也都享受。他說，我眼所見的，我沒有一樣禁止不去享受的。但他對這一切的擁有和享受，他是怎麼評價的，他說，都是虛空，都是捕風。

我又轉念，見日光之下所行的一切欺壓；看哪，受欺壓的流淚，且無人安慰；欺壓他們的有勢力，也無人安慰他們。因此，我讚歎早已死的死人，勝過那還活著的活人。並且我以為對於未曾生的，就是未見過日光之下惡事的，比這兩等人更強。

我又見人為一切的勞碌有各樣靈巧的工作，就被鄰居嫉妒。這也是虛空，也是捕風。愚昧人抱著手，吃自己的肉。滿了一把，得享安靜強如滿了兩把，勞碌捕風。

我又轉念，見日光之下有一件虛空的事；有人孤單無二，無子無兄，竟勞碌不息，眼目也不以錢財為足。他說：“我勞勞碌碌，刻苦自己，不享福樂，到底是為誰呢？”這也是虛空，是極重的勞苦。傳四 1—8。

在這裡我們是否看到人的愚昧，受欺壓和欺壓人的，都是一個結局，無人安慰。因為經歷過世上的是是非非，不但見過，並且自己或多或少都犯過世上的惡事，到最後都是抱著許多惆悵和遺憾撒手人寰。因此，所羅門告訴後人，這兩等人都比不上那未曾生下來的，因為他們沒有見過日光之下的惡事。

貪愛銀子的，不因得銀子知足；貪愛豐富的，也不因得利益知足。這也是虛空。貨物增添，吃的人也增添，物主得什麼益處呢？不過眼看而已！勞碌的人，不拘吃多吃少，睡得香甜；富足人的豐滿，卻不容他睡覺。傳五 10—12。

誰不貪愛銀子和豐富？但誰能知足呢？貨物增添，與物主有什麼益處呢？不過是眼看而已。吃的人增添，被別人吃，被別人享受，背後還遭到傭工的咒罵。富足人雖然豐滿，可是豐滿卻不讓他睡覺。你見過豐滿人睡的很香嗎？勞碌的人，吃多吃少，睡得香甜。你有看過流浪漢睡不著覺的嗎？

七日的第一日，黎明的時候，那些婦女帶著所預備的香料來到墳墓前，看見石頭已經從墳墓滾開了，她們就進去，只是不見主耶穌的身體。正在猜疑的時候，忽然有兩個人站在旁邊，衣服放光。婦女們驚怕，將臉伏地。那兩個人對她們說：“為什麼在死人中找活人呢？他不在這裡，已經復活了。”當紀念他還在加利利的時候，怎樣告訴你們。路二十四 1—6。

這裡所記述的是猶太人對物質生命離開世界時安葬的習俗，婦女們帶著香料來墳墓，想膏抹主耶穌的肉身。結果，使她們驚奇，不但沒有看見耶穌的身體，卻看見了天使向他們說話。這個時候，她們從驚奇轉於驚怕。那兩個人對她們說，為什麼在死人中找活人呢？他不在墳墓了，已經復活了。我們知道，死人中能找到活人嗎？答案是肯定的，不能！耶穌已經復活了，不在墳墓裡，來找耶穌的婦女們哪！要紀念耶穌與你們說過的話。他死了以後，第三天復活，你們為什麼不相信呢？為什麼第三天還來墳墓找耶穌呢？

2：非物生命。

事務多，就令人作夢；言語多，就顯出愚昧。你向神許願，償還不可遲延；因他不喜悅愚昧人，所以你許的願應當償還。你許願不還，不如不許。不可任你的口使肉體犯罪，也不可在祭司（原文作“使者”）面前說是錯許了。為何使神因你的聲音發怒，敗壞你手所作呢？多夢和多言，其中多有虛幻，你只要敬畏神。傳五 3－7。

這裡告訴我們的是，作夢的原因，是在世上事務多的人。中國有句俗語：晝有所思，夜有所夢。有些人會夢遊，這些不是物質生命的體現，乃是非物質生命的體現。也就是國人說的，靈魂活動。

傳道者說：“看哪，一千男子中，我找到一個正直人；但眾女子中，沒有找到一個。” 我將這事一一比較，要尋求其理，我心仍要尋找，卻未曾找到。我所找到的，只有一件，就是神造人原是正直，但他們尋出許多巧計。傳七 27－29。

這裡我們是否看到，世上沒有一個正直人。但是按照聖經的文字來說，一千個男子中，有一個正直人；眾女子中，一個也沒有。似乎在說，男子比女子正直。但這樣的解釋能成立嗎？肯定是不成立的。我們知道，聖經中的正直與義人相同的。沒有義人，連一個也沒有。羅三 10。既然聖經肯定了，連一個義人都沒有，那這裡為什麼會記載，一千男子中，可以找到一個，這樣的比例不少，那歷世歷代有多少男子是正直的；也可以說，歷世歷代有不少義人了。不用說，歷世歷代，就我們這個世代，世界上的人口有六十多億，男女比例就按平衡來計算，有三十多億的男子，千分之一計算，也有三百多萬。那怎麼來解釋這個問題呢？這個一千，我們不能用數學的一千來解釋，這個一千是很多，或者是指傳道者所見過的。也就是說，所有的男子中，找到了一個，乃是遙指我們的主耶穌。只有他，才是正直的，其他的人都是詭詐的。這個巧計，是指詭詐。

陰間和滅亡，永不滿足，人的眼目，也是如此。箴言二十七 20。

故此，陰間擴張其欲，開了無限量的口，他們的榮耀、群眾、繁華，並快樂的人，都落在其中。賽五 14。

迦勒底人因酒詭詐、狂傲，不住在家中，擴充心欲好象陰間。他如死不能知足，聚集萬國，堆積萬民，都歸自己。哈二 5。

這三處經文，都是將我們的欲望比作陰間。我們知道，陰間有多大，能說出它的範圍嗎？陰間是永不滿足。因為它是屬於靈界，不是物質界的，所以，物質界的任何東西都不能與它相比較。這麼大的陰間，來與我們的心裡的欲望來對比。可想而知，我們心裡的欲望有多大！這麼大的欲望能滿足嗎？就是人至死都不能滿足。我們短暫的時間，區區七、八十年，所積攢的物質，放在如陰間一樣的欲望裡，算什麼呢？弟兄姐妹們，警醒吧！我們如果為滿足欲望，得到的結局就是，他們的榮耀、群眾、繁華，並快樂的人，都落在其中。非物質的生命體現，不是物質能解決的，因它永不滿足！

以後，我要將我的靈澆灌凡有血氣的。你們的兒女要說預言，你們的老年人要作異夢，少年人要見異象。在那些日子，我要將我的靈澆灌我的僕人和使女。珥二 28－29。

這裡是先知預言五旬節聖靈的充滿，被充滿者所體現不同的經歷。有說預言的，有作異夢，有見異象的。

在該撒利亞有一個人，名叫哥尼流，是義大利營的百夫長。他是個虔誠人，他和全家都敬畏神，多多周濟百姓，常常禱告神。有一天，約在申初，他在異象中明明看見神的一個使者進去，到他那裡，說；“你的禱告和你的周濟，達到神面前，已蒙紀念了。現在你當打發人往約帕去，請那稱呼彼得的西門來。他住在海邊一個硝皮匠西門的家裡；房子在海邊上。”向他說話的天使去後，哥尼流叫了兩個家人和常伺候他一上虔誠兵來，把這事都述說給他們聽，就打發他們往約帕去。

第二天，他們行路將近那城，彼得約在午正上房頂去禱告；覺得餓了，想要吃，那家的人正預備飯的時候，彼得魂遊象外，看見天開了，有一物降下，好像一塊大布，系著四角，縋在地上。裡面有地上各樣四足的走獸和昆蟲，並天上的飛鳥。又有聲音對他說：“彼得，起來！宰了吃。”彼得卻說：“主啊，這是不可的，凡俗物和不潔淨的物，我從來沒有吃過。”第二次有聲音向他說：“神所潔淨的，你不可當作俗物。”這樣一連三次，那物隨即收回天上去了。徒十 1－16。

　　這裡看到二個人，哥尼流見到異象，有一個使者與他說話。告訴他去請彼得過來，他住在硝皮匠西門的家，他的房子在海邊。神使哥尼流見到這個異象，因哥尼流的虔誠與賙濟，蒙神紀念，所以指示他，請彼得來，將福音傳給他。

　　彼得也見了異象，聖經記載他是魂遊象外。一連三次看見不潔之物，有聲音告訴他，要他的把這些不潔之物宰了吃。吃不潔之物是違背猶太人的律法，彼得當然說不能吃。但是有聲音告訴他，神所潔淨的，你不可當俗物。彼得如果沒有見到這個異象，哥尼流差人來請他，他就會不去。因為猶太人認為，外邦人都是污穢的。不但是與他們交往，就是吃飯都不可。所以，我們知道，神不會誤事，出於神，雙方都得到主的指示。

　　因為我所作的，我自己不明白；我所願意的，我並不作；我所恨惡的，我倒去作。若我所作的，是我所不願意的，我就應承律法是善的。既是這樣，就不是我作的，乃是住在我裡頭的罪作的。我也知道，在我裡頭，就是我肉體之中，沒有良善；因為立志行善由得我，只行出來由不得我。故此，我所願意的善，我反不作；我所不願意的惡，我倒去作。若我去作所不願意作的，就不是我作的，乃是住在我裡頭的罪作的。我覺得有個律，就是我願意為善的時候，便有惡與我同在。因為按著我裡面的意思（原文作“人”），我是喜歡神的律；但我覺得肢體中另有個律和我心中的律交戰，把我擄去，叫我附從那肢體中犯罪的律。我真是苦啊！誰能救我脫離這取死的身體呢？感謝神，靠著我們的主耶穌基督就能脫離了。這樣看來，我以內心順服神的律；我肉體卻順服罪的律了。羅七 15－25。

　　如今，那些在基督耶穌裡的，就不定罪了。因為賜生命聖靈的律，在基督耶穌裡釋放了我，使我脫離罪和死的律了。羅八 1－2。

　　這裡我們知道，在我們非物質生命裡面，有一條律，是罪和死的律。沒有信主的人，也可以說，沒有重生的人，他們的非物質生命只有一條律。而重生的人，他就會有兩條律。沒有重生的人，他們非物質生命體現在，罪和死的律上。因為我們知道，世人的非物質生命，不但具備了罪根，或者說是罪性；而且還具備了罪念，但是這個罪性和罪念會給世人帶來了死亡的結局；這就是聖經上所說的，罪和死的律。重生的基督徒則不同，主賜給我們，賜生命聖靈的律，這條律我們下面會說到。

　　3：屬靈生命。

　　你們是世上的鹽。鹽若失了味，怎能叫它再鹹呢？以後無用，不過丟在外面，被人踐踏了。你們是世上的光。城造在山上，是不能隱藏的。人點燈，不放在鬥底下，是放在燈檯上，就照亮一家的人。你們的光也當這樣照在人前，叫他們看見你們的好行為，便將榮耀照給你們在天上的父。太六 13－16。

　　你們要防備假先知，他們到你們這裡來，外面披著羊皮，裡面卻是殘暴的狼。憑著他們的果子，就可以認出他們來。荊棘上豈能摘葡萄呢？蒺藜裡豈能摘無花果呢？這樣，凡好樹結好果子；惟獨壞樹結壞果子。好樹不能結壞果子，壞樹不能結好果子。凡不結好果子的樹，就砍下來丟在火裡。所以，憑著他們的果子，就可以認出他們來。太七 15－20。

　　不要以惡報惡。眾人以為美的事，要留心去作。若是能行，總要盡力與眾人和睦。親愛的弟兄，不要自己伸冤，寧可讓步，聽憑主怒（或作“讓人發怒”）；因為經上記著：“主說：‘伸冤在我，我必報應。’”所以，“你的仇敵若餓了，就給他吃；若渴了，就給他喝；因為你這樣行，就是把炭火堆在他頭上。”你不可為惡所勝，反要以善勝惡。羅十二 17－21。

　　這三段經文告訴我們，重生的基督徒就是鹽，就是光。記住，不是作光、作鹽！作光或作鹽，這都是人為的做作。中國的文字很有意思，人為的組合是什麼字？“偽”。所以，還是人為的東西都是偽裝的，不是真實的。主耶穌教導我們，是說：你們是世上的鹽，是世上的光。凡自己認同是重生的基督徒，他就是世上的光。不管你有多大的光，只要在黑暗裡一站，就會顯出來。這就是看果子認樹，同一個道理。也就是說，“道生德”。沒有道的人，還談什麼德？羅馬書十二章乃是指實際應用時的體現。

主就是那靈，主的靈在那裡，那裡就得以自由。我們眾人既然敞著臉得以看見主的榮光，好像從鏡子裡返照，就變成主的形狀，榮上加榮，如同從主的靈變成的。林後三 17－18。

我們原知道，我們這地上的帳棚若拆毀了，必得神所造，不是人手所造，在天上永存的房屋。我們在這帳棚裡歎息，深想得那從天上來的房屋，好像穿上衣服；倘若穿上，被遇見的時候就不至於赤身了。我們在這帳棚裡歎息勞苦，並非願意脫下這個，乃是願意穿上那個，好叫這必死的被生命吞滅了。為此，培植我們的就是神，他又賜給我們聖靈作憑據（原文作 “質” ）。所以，我們時常坦然無懼，並且曉得我們住在身內，便與主相離。因我們行事為人是憑著信心，不是憑著眼見。我們坦然無懼，是更願意離開身體與主同住。所以，無論是住在身內，離開身外，我們立了志向要得主的喜悅。因為我們眾人必要在基督台前顯露出來，叫各人按著本身所行的，或善或惡受報。林後五 1－10。

以上兩處經文的意思是指基督徒會變成主的形狀，就是榮上加榮。是指將來見主面時的榮耀，我們如果深信不疑，就會不懼怕物質生命的死亡。所以行事為人是憑著信心，不是憑著眼見。更是坦然無懼，離開身體與主同住。但是現在大部分的基督徒不知道怎麼了，一說到死，就非常的不高興，認為這是不好的事，並且有不少人懼怕。既然我們知道，只有物質生命的死，我們才能脫離世上的勞苦，得享主給我們的安息。這樣最簡單的道理都不能相信，不願意面對和接受，那我們信的是什麼呢？

我說，你們當順著聖靈而行，就不放縱肉體的情欲了。因為情欲和聖靈相爭，聖靈和情欲相爭，這兩個是彼此相敵，使你們不能作所願意作的。但你們若被聖靈引導，就不在律法以下。情欲的事都是顯而易見的；就如姦淫、污穢、拜偶像、邪術、仇恨、爭競、忌恨、惱怒、結黨、紛爭、異端、嫉妒、（有古卷在此有“兇殺”二字）、醉酒、荒宴等類，我從前告訴你們，現在又告訴你們，行這樣事的人必不能承受神的國。聖靈所結的果子就是仁愛、喜樂、和平、忍耐、恩慈、良善、信實、溫柔、節制。這樣的事，沒有律法禁止。凡屬基督耶穌的人，是已經把肉體連肉體的邪情私欲，同釘在十字架上了。我們若是靠聖靈得生，就當靠聖靈行事。不要貪圖虛名，彼此惹氣，互相嫉妒。加五 16－26。

　　這裡是告訴我們結果子的方法，靠自己是不能結果子的。我們應該知道，天然人是奴性的。不信的人，他裡面只有一條定律，罪在他裡面作王。罪人就會自動不自動地順從罪，由罪指揮，就結出敗壞的果子。當我們信主重生後，主就會賜給我們另外一條律。賜生命聖靈的律。這條律是神將他兒子的生命賜予我們，聖經上常說的“聖靈”。這聖靈二字與生命、氣、道、話、種子互用的，所以在這裡重疊出現。因為這生命在我們裡面，這生命“聖靈”與我們的情欲彼此相敵。這兩者為什麼彼此相敵呢？都在爭奪天然人。你是順從生命“聖靈”呢？還是順從情欲呢？順從情欲會結這些敗壞的果子，順從生命“聖靈”呢？就會結生命“聖靈”的果子。經上記著：不要自欺，神是輕慢不得的；人種的是什麼，收得也是什麼。順著情欲撒種的，必從情欲收敗壞；順著聖靈撒種的，就從聖靈收永生。加六 7－8。

　　神的神能已將一切關乎生命和虔敬的事賜給我們，皆因我們認識那用自己榮耀和美德召我們的主。因此，他已將又寶貴又極大的應許賜給我們，叫我們既脫離世上從情欲來的敗壞，就得以與神的性情有分。正因這緣故，你們要分外地殷勤；有了信心，又要加上德行；又了德行，又要加上知識；有了知識，又要加上節制；有了節制，又要加上忍耐；有了忍耐，又要加上虔敬；有了虔敬，又要加上愛弟兄的心；有了愛弟兄的心，又要加上愛眾人的心。你們若充充足足地有這幾樣，就必使你們在認識我們的主耶穌基督上不至於閑懶不結果子了。人若沒有這幾樣，就是眼瞎，只看見近處的，忘了他舊日的罪已經得了潔淨。所以弟兄們，應當更加殷勤，使你們所蒙的恩召的揀選堅定不移。你們若行這幾樣，就永不失腳。這樣，必叫你們豐豐富富地得以進入我們主救主耶穌基督永遠的國。

你們雖然曉得這些事，並且在你們已有的真道上堅固，我卻要將這些事常常提醒你們。我以為應當趁我還在這帳棚的時候提醒你們，激發你們；因為知道我脫離這帳棚的時候快到了，正如我們主耶穌基督所指示我的。並且我要盡心竭力，使你們在我去世以後時常紀念這些事。彼後一 3－14。

這裡我們看到一個永遠得救的標準，但是這個標準有人達到嗎？想一次得救，永遠得救的同工們，仔細地看看這段經文吧！衡量你們所傳的，和你們自己所行的，與這段經文是否符合，不用信口開河。願主耶穌祝福你們，能充充足足地有這幾樣。使你們所蒙的恩召的揀選堅定不移，永不失腳！不但滿足了使徒彼得的心願，更是榮耀了我們的主耶穌！

論到從起初原有的生命之道，就是我們所聽見、所看見、親眼看過、親手摸過的。（這生命已經顯現出來，我們也看見過，現在又作見證，將原與父同在、且顯現與我們那永遠的生命傳給你們。）我們將所看見、所聽見的，傳給你們，使你們與我們相交，我們乃是與父並他兒子耶穌基督相交的。我們將這些話寫給你們，使你們（有古卷作 "我們"）的喜樂充足。神就是光，在他毫無黑暗。這是我們從主所聽見，又報給你們的資訊。約壹一 1－5。

這段經文比較沒有爭議，因為是講主耶穌就是生命之道，他原是與父同在，且顯現給我們。而且這永遠的生命，是生命之道，使徒們聽見、看見、親眼看過、親手摸過。要我們相信他們所傳的，就與他們相交。不但與他們相交，而且是與父並他兒子耶穌基督相交。神就是光，在他沒有黑暗。耶穌又對眾人說："我是世的光。跟從我的，就不在黑暗裡走，必要得著生命的光。" 約八 12。

凡住在他裡面的，就不犯罪；凡犯罪的，是未曾看見他，也未曾認識他。小子們哪，不要被人誘惑；行義的才是義人，正如主是義的一樣。犯罪的是屬魔鬼，因為魔鬼從起初就犯罪。神的兒子顯現出來，為要除滅魔鬼有作為。凡從神生的，就不犯罪，因神的道（原文作 "種"）存在他心裡；他也不能犯罪，因為他是由神生的。從此就顯出誰是神的兒女，誰是魔鬼的兒女；凡不行義的就不屬神，不愛弟兄的也是如此。約壹三 6－10。

　　這段經文是比較不好解釋，是聖經中的難題。為什麼說是難題呢？因為在文字上解釋，與現實生活中差距太大。這裡說，在他裡面的，就不犯罪；凡從神生的，就不犯罪。我們知道，那一個基督徒沒有犯罪，如果會犯罪，就不是從神生的。如果按照這段經文，那世界上所有的基督徒，有重生的嗎？肯定是沒有。如果沒有，那我們信耶穌有什麼好處呢？既然其他經文說的很明白，我們信他，就會得到神的應許；耶穌基督死裡復活重生了我們，我們得稱為神的兒子。那為什麼這段經文與其他經文有衝突呢？經文的衝突是正常的，如果我們沒有看到經文之間的衝突，我們就不會明白。在這裡提醒同道們一下，看到矛盾的地方去查考其他參考書，或者查查原文，這都無可非議。不用受到經文之間沒有矛盾的影響！或者看到矛盾就信口開河，說翻譯有問題！既然經文之間發現了衝突，我們就要禱告，求主耶穌給我們智慧的靈，因為他說過，祈求就得著。叩門，就給開門。

　　我們現在試著叩門，凡住在他裡面的，必不犯罪。這節經文比較好解釋，我們若住在主裡面，肯定不犯罪。正如主耶穌說：我將這些事告訴你們，是要叫你們在我裡面有平安。在世上你們有苦難；但你們可以放心，我已經勝了世界。約十六 33。我們離開了主，就失去了主耶穌的保護。在世上有苦難，我們離開了主，就會犯罪；這是定律。

　　凡從神生的，就不犯罪，因神的道（原文作 "種"）存在他心裡；他也不能犯罪，因他是由神生的。這裡我們需要明白的是，從神生的。從神生的是指那一類生命呢？是指物質生命？抑或是指非物質生命？非也，不是指這兩類生命。那指什麼呢？是指屬靈的生命。把這個生命的類別搞清楚以後，我們就可以知道。屬靈生命能犯罪嗎？因為他不犯罪，也不能犯罪，他是從神生的。這可以接受嗎？他不會犯罪，也不能犯罪，所以，我們放心地順從他。

神的命令就是叫我們信他兒子耶穌基督的名，且照他所賜給我們的命令彼此相愛。遵守神命令的，就住在他裡面。我們所以知道神住在我們裡面，是因他所賜給我們的聖靈。約壹三 23 － 24。

這裡告訴我們，你信神嗎？如果是，你就當守他的命令。因為他的命令是叫我們信他兒子耶穌基督的名；信耶穌基督的，就是信神。有子就有父，沒有子連父也沒有。且照著耶穌給我們的新命令，就是彼此相愛。我們現在有不少的傳道人，說自己信耶穌，卻忽略了耶穌的命令。整天在教會裡面講愛人如己，誤導弟兄姐妹，不去遵守主耶穌的命令，反而把人誤導到猶太教裡面去，是何等是無知啊！願主耶穌憐憫他們，回轉吧！

我們怎麼會知道自己住在神裡面，主住在我們裡面呢？是因他賜給我們的聖靈。這聖靈就是 "生命" 。切記，聖靈與 "生命" 互用的！

親愛的弟兄啊，神既是這樣愛我們，我們也當彼此相愛。從來沒有人見過神，我們若彼此相愛，神就住在我們裡面，愛他的心在我們裡面得以完全了。神將他的靈賜給我們，從此就知道我們是住在他裡面，他也住在我們裡面。約壹四 11 － 13。

凡信耶穌是基督的，都是從神而生，凡愛生他之神的，也必愛從神生的。我們若愛神，又遵守他的誡命，從此就知道我們愛神的兒女，我們遵守神的誡命，這就是愛他了，並且他的誡命不是難守的。因為凡從神生的，就勝過世界；使我們勝了世界的，就是我們的信心。勝過世界的是誰呢？不是那信耶穌是神的兒子嗎？約壹五 1 － 5。

這兩處經文告訴我們，神將他的靈賜給我們，這個 "靈" 是指生命，有他的生命，就知道他住在我們裡面。怎麼知道神的生命在我們裡面呢？信耶穌是基督的，都是從神生的。既是從神生的，當然就會愛神。愛神的人不是停留在口頭上，乃是在外面必須有體現。在外面具體的體現是：愛神的誡命。這愛神的誡命是指什麼呢？是指神的命令。神的命令是什麼呢？請看（約壹三 23）。神的命令就是叫我們信他兒子耶穌基督的名，且照他所賜給我們的命令彼此相愛。要想對神的誡命多瞭解的弟兄姐妹，請參考拙著（基督徒與律法第 91－93 頁）。這裡清楚地告訴我們，凡信耶穌是基督的，這句話是遵守了神的誡命。我們不但是守神的誡命，還要守耶穌的命令。耶穌的命令，就是要我們彼此相愛。如果我們彼此相愛，愛神的心在我們裡面得以完全。不愛看得見的弟兄姐妹，能愛看不見的神嗎？

第六篇：生命需要。

1：物質生命。

耶和華神將那人安置在伊甸園，使他修理看守。耶和華神吩咐他說；“園中各樣樹上的果子，你可以隨意吃；只是分別善惡樹上的果子，你不可吃，因為你吃的日子必定死。”創二 15－17。

這裡我們看到的是，神是何等地愛人。為了人，神造了浩瀚的宇宙，以及大地與海。並且造了一切動物、植物，和空中所飛的，地上行走和爬行的，海裡所有的，全是為著人而造的。不但為著人而造，還全部交給人管理。這些造完了，神才造了始祖亞當。為了亞當，神特意在東方的伊甸立了一個園子。把亞當安置在伊甸園裡，使他修理看守。用現在的話說，就是經營。這就是亞當的工作，神使他無憂無慮生活。因他不用為明天吃什麼來擔憂，因為神造了這麼多的果子給他吃。物質生命的需要是什麼呢？這裡給我們的答案是：伊甸園裡的工作，樹上的果子隨意吃。因此，人生在世就是工作，吃東西，休息。三者不能脫節，工作是為了吃飯休息，吃飯休息是為了更好地工作。現在的人與亞當相比，物質需要是一樣的。但不一樣的，也就是說，只不過亞當的工作是逍遙自在的；現今人的需要是無休止的勞苦。汗流滿面，才得糊口。

凡活著的動物，都可以作你們的食物，這一切我都賜給你們，如同菜蔬一樣。惟獨肉帶著血，那就是他的生命，你們不可吃。流你們血、害你們命的，無論是獸、是人，我必討他的罪，就是向各人的弟兄也是如此。凡流人血氣的，他的血也必被人所流；因為神造人，是照著自己形像造的。你們要生養眾多，在地上昌盛繁茂。創九 3－7。

這裡記載了挪亞時代的人，亞當離開了伊甸園，那種逍遙自在的生活早已經煙消雲滅，一去不復了。不但是人與人之間的關係破壞，就是人與獸之間的關係也受到了破壞。雖然如此，神還是愛世上的人。要他們勞力，就可以得吃的。如溫州有句俗語：人面難求，土面好求。意思是求人不容易，求土地容易；只要你肯勞力，必定會從地裡得到到勞力帶來的果效。所以，那時候土地遼闊，人煙不是很稠密，來滿足一下物質生命的需要還是比較容易的。在那個時代，人吃樹上的果子，地裡的糧食與菜蔬就可以了。但到了挪亞的時代，人從小時心裡就懷著惡念，整個世界的人敗壞了。所以神借著挪亞，使他準備了方舟，傳道給世人。可是世人不聽從，都被洪水淹沒了，只搭救了挪亞一家八口。到挪亞一家人出了方舟以後，慈愛的神與他們立約。神既賜福給他們，要生養眾多，遍滿地面，在地上昌盛繁茂。所以神又將動物賜給他們作食物，但前提是：要他們宰殺，放出血後才可以吃。要吃動物的肉，必須要流動物的血；但不可流人的血。這就是眾所周知，殺人者償命的依據。從這裡看到，一切萬物都可以吃，可以宰殺。人不但不可以吃人，而且也不可殺人；凡殺人者必為你自己的行為付出代價，這個代價是：償命。物質生命需要，吃被造活物都可以，就是不能用弱勢群體的生命來滿足自己物質生命的需要。如果你這樣作，不但要受到現今政府法律的懲治，而且還要受到神對你的追討；這個追討會涉及到你的後代，這是定例。

你施慈愛與千萬人，又將父親的罪孽報應在他後世子孫的懷中，是至大全能的神，萬軍之耶和華是你的名。耶三十二 18。

耶穌被聖靈充滿，從約但河回來，聖靈將他引到曠野，四十天受魔鬼的試探。那些日子沒有吃什麼；日子滿了，他就餓了。魔鬼對他說；"你若是神的兒子，可以吩咐這些石頭變作食物。" 耶穌回答說："經上記著說：'人活著不是單靠食物，乃是靠神口裡所出的一切話。'" 魔鬼又領他上了高山，霎時間把天下的萬國榮華都指給他看，又對他說："這一切權柄、榮華，我都要給你，因為這原是交付我的，我願意給誰就給誰。你若在我面前下拜，這都要歸你。" 耶穌說："經上記著說：'當拜主你的神，單要事奉他。'" 路四 1－8。

這裡我們看到，撒但來試探耶穌。首先是耶穌禁食四十晝夜，餓了的時候。耶穌如果不是餓了的時候，撒但是沒有辦法試探的。這就是我們明白，我們如果沒有需要時，撒但是不可能來試探我們。我們被試探，就是我們的物質生命需要的太多了。你需要什麼，撒但就按著你的需要來試探你，使你達到你需要的。這就是現代人的寫照，為達到自己的目的，可以不擇手段。不擇手段得到的東西，靠譜嗎？

於是對眾人說：「你們要謹慎自守，免去一切的貪心，因為人的生命不在乎家道豐富。」就用比喻對他們說：「有一個財主田產豐盛；自己心裡思想說：『我的出產沒有地方收藏，怎麼辦呢？』又說：『我要這麼辦；要把我的倉房拆了，另蓋更大的，在那裡好收藏我一切的糧食和財物。然後要對我的靈魂說：靈魂哪！你有許多財物積存，可作多年的費用，只管安安逸逸地吃喝快樂吧。』神卻對他說；『無知的人哪！今夜必要你的靈魂，你所預備的要歸誰呢？』凡為自己積財，在神面前卻不富足的，也是這樣。」路十二 15－21。

這裡告誡我們別作一個無知的財主，地上的物質最多，都不能帶走。在將來都是沒有用的，經上告訴傳道人，怎樣告誡那些富足的人；不是要我們怎樣諂媚富足人，得他們的好處。

你要囑咐那些今世富足的人，不要自高，也不要依靠無定的錢財；只要依靠那厚賜百物給我們享受的神。又要囑咐他們行善；在好事上富足，甘心施捨，樂意供給人（「供給」或作「體貼」），為自己積成美好的根基，預備將來，叫他們持定那真正的生命。提前六 17－19。

我若當日象尋常人，在以弗所同野獸戰鬥，那於我有什麼益處呢？若死人不復活，我們就吃吃喝喝吧！因為明天要死了。不要自欺；濫交是敗壞善行。林前十五 32－33。

這裡告訴我們不用濫交。現實社會也這樣，溫州有句俗語：喝酒朋友千個有，落難的朋友半個無。如世人所說的，酒肉朋友；或者說；狐朋狗友。那些沒有指望的世人，他們的人生就是：吃喝快樂吧，因為明天要死了。賽二十二 13、林前十五 12。他們的物質生命需要，燈紅酒綠，行屍走肉。今日有酒今日醉，明日無酒明日休。他們是渾渾噩噩，及時行樂。但我們一定要謹慎，近朱者赤，近墨者黑。每天和酒肉朋友在一起，很難獨善其身。

操練身體，益處還少；惟獨敬虔，凡事都有益處，因有今生和來生的應許。這話是可信的，是十分可佩服的。提前四8－9。

這裡告訴我們，物質生命需要不但是工作，吃東西。但人認為，物質豐富了，除了這兩者以外，還需要操練身體。現在人來說，是運動。運動就會身體好嗎？運動就會給人帶來健康嗎？以前有過這樣的報導，生命在於運動。以後就來一個完全相反的理論，生命在於靜止。生命究竟在於運動還是靜止，這個問題他們這些專家學者們也爭論不清。公說公的理，婆說婆的理。真是扯不清，道不明。經文告訴我們，操練身體，是指正常的運動，不是指那些為職業的運動。經常飯後散步，逛逛公園等。雖然對身體有點益處，但這個益處如果是不信的人追求，也不足為怪，因為他們不懂。現今卻在教會裡盛行，你說奇怪不奇怪？經文中明明告訴我們，操練身體益處還少；惟獨敬虔，凡事都有益處。敬虔的益處在那裡呢？不但有今生的益處，更有來生的應許。同一個時間作不同的事，帶來不同的結果。我們用操練身體的時間來作敬虔的事，不但得到今生更好的應許，而且還得到來生的應許。這個帳我們還算不過來嗎？親愛的弟兄姐妹們，要作有智慧的人，不用作糊塗人。

耶穌基督昨日今日，一直到永遠，是一樣的。你們不要被那諸般怪異的教訓勾引了去，因為人心靠恩得堅固才是好的，並不是靠飲食。那在飲食上專心的，從來沒有得到益處。來十三8－9。

這裡告誡我們，從古至今，這個定例不會改變，如同主耶穌不改變一樣。要我們不要被那些怪異的教訓勾引，我們是靠主的恩，還是靠飲食？如果是世人，他們在物質富有的時代，在飲食上專心，這不是奇怪的事情。現今教會裡面不少的姐妹們關心飲食問題，吃什麼對身體有幫助，吃什麼可以降低血壓、血糖、血脂。吃什麼可以減肥，吃什麼可以健康長壽等等，真是五花八門。我們中國人有句俗語：一方水土養一方人。南方人吃大米，北方人吃麵食；東南海邊的人吃清淡，北方人吃鹽味，四川、湖南人吃辣。中國人吃中餐，西方人吃西餐，每個國家都有他們自己國家的飲食方式。

不管他們是什麼樣的飲食方式，每個地方都有長壽、身體健康的人；也有體質衰弱、多病、英年早逝的人。聖經告訴清楚地告訴我們，在飲食上專心的，從來沒有得到好處。近日有篇報導，美國的專家們，首次承認，推翻了實行四十年的方案。給膽固醇正名，膽固醇沒有好壞之分，都是人體需要的，那我們怎麼解釋呢？

2：非物生命。

故此，陰間擴張其欲，開了無限量的口，他們的榮耀、群眾、繁華，並快樂的人，都落其中。賽五 14。

迦勒底人因酒詭詐、狂傲，不住在家中，擴充心欲好象陰間。他如死不能知足，聚集萬國，堆積萬民，都歸自己。這些國的民，豈不要提起詩歌，並俗語，諷刺他，說："禍哉！迦勒底人，你增添不屬自己的財物，多多取人的當頭，要到幾時為止呢？"哈二 5－6。

這裡使我們看到，人心不足蛇吞象。誰能滿足呢？世人沒有滿足的，中國古代有人寫照：一生勞碌只為饑，得來糧食又想衣；衣食兩樣都已備，戶內缺少美貌妻；娶來三妻並四妾，出門沒有驢馬騎；驢馬已有轎也備，沒有官職被人欺；七品六品嫌太小，三品四品沒權力；一品當朝為宰相，還想君王作一時；今日一朝為天子，還想長生記不死。

因此，人生在世追求名和利，欲望永不能滿足。人生在世是何等的矛盾，人都想出名，光宗耀祖。是否想到，人一出名，麻煩就來了。中國有句俗語，人怕出名豬怕肥。講到這裡，我與大家來探討一處經文：

耶穌說："我實在告訴你們，人為神的國撇下房屋，或是妻子、弟兄、父母、兒女，沒有在今世不得百倍，在來世不得永生的。"路十八 29－30。

這兩節經文的意思是：為神的國，也就是說為傳揚福音，而撇下所有。肯定在今生得百倍，來世得永生。這個百倍是指什麼呢？難道說，我們撇下一處房屋，主耶穌給我們一百處房屋？下面這些更不用說了。如果這樣的解釋，肯定是不成立的。既然這樣的解釋不成立，那我們應當怎樣去解釋呢？我們首先應該知道，這裡的百倍是形容詞，不是實質的一百倍。這個百倍既然不是實質的，那麼這個百倍就是無限的。為什麼會用無限的呢？我們知道，我們的欲望是永不能滿足。如果是有限的百倍，能滿足嗎？不能！只有我們覺得滿足時，我們傳揚福音就會心甘情願，可以說，沒有後顧之憂。這樣說來，那這個無限是什麼呢？我們應該清楚，世上有無限的東西嗎？當然沒有。世上既然沒有無限的東西，那這個無限肯定別有所指。那究竟是指什麼呢？這個無限是指主耶穌，只有他才是無限的。這處經文可以這樣理解：為神的國撇下一切，今生得到主耶穌，來生肯定有永生。試想，今生得不到主耶穌，來生有永生嗎？這就是主耶穌對我們傳道人的應許，雖然我們撇下，但他給將無限的賜給我們。來滿足我們的需要。

耶和華說：“這一切都是我手所造的，所以就都有了。但我所看顧的，就是虛心痛悔，因我話而戰兢的人（“虛心”原文作“貧窮”）。”賽六十六 2。

虛心的人有福了！因為天國是他們的。太五 3。

這裡的虛心不是指我們虛心好學，乃是指知道心裡空虛的人。在這世上，很多缺少物質的人，他們每天忙碌，根本不知道自己心裡的空虛。也有不少無知的人，他知道自己心裡空虛，但不知道什麼是心裡空虛的需要。有人尋求賭博，有人尋求淫樂，也有人尋求刺激等等，這些能滿足心靈空虛的需要嗎？不但不能，尋求的越多，反而更空虛。

所以聖經上這樣告訴我們，虛心作“貧窮。”外面物質不管你有多少，心靈的空虛，也就是心靈的貧窮，心靈一無所有。當我們認知到自己心靈的貧窮，就會去尋求需要。世上的一切都不能滿足需要時，你就會痛悔。只有痛悔的心，才會祈求神，尋求主耶穌。主說：

你們祈求，就給你們；尋找，就尋見；叩門，就給你開門。因為凡祈求的，就得著；尋找的，就尋見；叩門的，就給他開門。太七 7－8。

凡貪戀財利的，所行之路，都是如此；這貪戀之心，乃奪去得財者之命。箴一 19。

眾人中有一個人對耶穌說：“夫子！請你吩咐我的兄長和我分開產業。”耶穌說：“你這個人！誰立我作你們斷事的官，給你們分家業呢？”於是對眾人說：“你們要謹慎自守，免去一切的貪心，因為人的生命不在乎家道豐富。”路十二 13－15。

但各人被試探，乃是被自己的私欲牽引誘惑的。私欲既懷了胎，就生出罪來；罪既長成，就生出死來。雅一 14－15。

什麼是私欲？這是我們需要探討的問題。我們在給人傳福音時，世人最不好接受的，就是信耶穌必須承認自己是罪人這個問題。當我們一說，他們就會有抵觸的情緒，他們總覺得自己是守法的公民，沒有這樣那樣的罪。但是我們知道，聖經怎麼說呢？私欲懷胎，就生出罪來。可見，罪是從私欲裡面出來的。因此，要知道什麼是罪，首先要知道什麼是私欲。私欲二個字，顧名思義，是自私的欲望。試想，那一個人不自私？那一個人沒有欲望？欲望是指什麼呢？是指貪心。這樣，我們就清楚了，我們的原罪是從始祖亞當傳遞下來的，也就也可以說，這是罪性，或罪根。那私欲是罪念，也就是我們常說的本罪。罪性和罪念是兩個概念，罪性是每個人的本身，都是一樣。但罪念是不同的，每個人有每個人的罪念。可以這樣說，罪性是身份，罪念是行動。人為了滿足私欲，罪念就會開始。人很多的罪念都不能成為罪行；罪行是實施。因為罪行必須有外在的環境條件，這些條件必須能滿足，罪行才能發生。如果這些條件都不具備，罪行就不會發生。私欲懷胎，生出罪來。這個 “罪” 不等於指罪行，但是人的認知，罪行才是罪。可是聖經告訴我們，罪念就是罪。因此，我們必須明白，誰不自私？誰沒有犯罪的念頭？如果有，那就是罪。所以，我們告訴世人，沒有信主之前，都是罪人。不單單是亞當給我們遺傳下來的罪根，我們自己的罪念和自私，導致我們成為一個名符其實的罪人。只因我們沒有權力、地位、金錢，所以沒有給我們犯罪的機會和環境。有人說的好：人不是不犯罪，乃是誘惑不到。一語道破，我們可以知道，為什麼當官的人都會腐敗？首先我們必須承認，當官的人比我們這些普羅大眾優秀。那為什麼這些優秀的人反而腐敗？普羅大眾倒不腐敗？原因很清楚，普羅大眾沒有利用的價值，誰來誘惑你？一旦普羅大眾有機會當官，就會有利用的價值。你官越大，利用的價值越高。所以，你面臨的誘惑也更大。沒有一個人是完全的，都有他致命的弱點。利用你的人就會用你的弱點來誘惑你，正如國人有句俗語：英雄難過美人關。世界上有多少美女間諜，她們職責是誘惑他國的高官，來竊取他國的秘密，為她們服務的國家提供這些秘密情報。她們絕對不會來誘惑你們這些普羅大眾，對嗎？

3：屬靈生命。

不從惡人的計謀，不站罪人的道路，不坐褻慢人的座位，惟喜愛耶和華的律法，晝夜思想，這人便為有福。他要像一棵樹，栽在溪水旁，按時候結果子，葉子也不枯乾。凡他所作的，盡都順利。詩一 1－3。

這裡告訴我們是屬靈生命的需要，他得福的原因：他不但不從惡人的計謀，不站罪人的道路，不坐褻慢人的座位。更重要的是他喜愛耶和華的律法，晝夜思想。這裡我們值得注意的，不是指摩西的律法。因為舊約是影，根據新約經文記載：律法的總結就是基督，使凡信他的都得著義。羅十 4。我們知道，喜愛耶和華的律法，晝夜思想指什麼呢？是指喜愛主耶穌，晝夜思想耶穌的人有福了。如經上所記：這些人都是因信得了美好的證據，卻仍未得到所應許的；來十一 39。要知律法方面更多的資訊，請看拙著（基督徒與律法 177－182）。這是屬靈生命的需要，晝夜思想。

我一心尋求了你，求你不要叫我偏離你的命令。我將你的話藏在心裡，免得我得罪你。詩一一九 10－11。

那試探人的進前來對他說："你若是神的兒子，可以吩咐石頭變作食物。"耶穌卻回答說："人活著，不是單靠食物，乃是靠神口裡所出的一切話。"太四 3－4。

把耶和華的話藏在心裡是什麼意思？我們來新約：你們若常在我裡面，我的話也常在你們裡面。約十五 7。

叫人活著的乃是靈，肉體是無益的。我對你們所說的話，就是靈，就是生命。約六 63。

這就告訴我們屬靈生命的需要，是主耶穌的生命。只有裡面有主耶穌的生命，而且我們順從了生命的教訓和引導，就不會犯罪，得罪了主耶穌。

你要專心仰賴耶和華，不可依靠自己的聰明；在你一切所行的事上，都要認定他，他必指引你的路。不要自以為有智慧，要敬畏耶和華，遠離惡事；這便醫治你的肚臍，滋潤你的百骨。你要以財物和一切初熟的土產，尊榮耶和華。這樣，你的倉房，必充滿有餘；你的酒榨，有新酒盈溢。箴三 5－10。

耶和華萬軍之神啊！我得著你的言語，就當食物吃了；你的言語是我心中的歡喜快樂，因我是稱為你名下的人。耶十五 16。

我就是生命的糧。你們的祖宗在曠野吃過嗎哪，還是死了。這是從天上降下來的糧，叫人吃了就不死。我是從天上降下來生命的糧；人若吃這糧，就必永遠活著。我所要賜的糧，就是我的肉，為世人之生命賜的。

因此，猶太人彼此爭論說：“這個人怎能把他的肉給我們吃呢？”耶穌說：“我實實在在地告訴你們，你們若不吃人子的肉，不喝人子的血，就沒有生命在你們裡面。吃我肉喝我血的人就有永生，在末日我要叫他復活。我的肉真是可吃的，我的血真是可喝的。吃我肉喝我血的人常在我裡面，我也常在他裡面。永活的父怎樣差我來，我又因父活著；照樣，吃我肉的人也要因我活著。這就是從天上降下來的糧。吃這糧的人就永遠活著，不象你們的祖宗吃過嗎哪不是死了。”這些話是耶穌在迦百農會堂裡教訓人說的。

他的門徒中有好些人聽見了，就說：“這話甚難，誰能聽呢？”耶穌心裡知道門徒為這話議論，就對他們說：“這話是叫你們厭棄嗎（“厭棄”原文作“跌倒”）？”倘若你們看見人子升到他原來所在之處，怎麼樣呢？叫人活著的乃是靈，肉體是無益的。我對你們所說的話，就是靈，就是生命。只是你們中間有不信的人。約六 48－64。

　　這段經文是比較不好理解的經文，因為傳統沒有給我們一個正確的答案，導致大家對這段經文的迷思。吃耶穌的肉喝耶穌的血是什麼意思呢？上面已經解釋過了，這裡就不詳細說了。簡略地說一下，主耶穌的肉和血是指生命，這個“肉”是指水。這是主耶穌在十字架上的體現，兵丁用槍紮耶穌的肋旁，有血和水流出來。是指主耶穌的死，產生了地上的教會。我們領受了從主耶穌被賣的那一夜，舉行了擘餅喝杯。在外面的表像是餅和杯，指主耶穌的身體和寶血；也就是指主的肉和主的血。在裡面的涵義是指，完全的相信和接受主耶穌為我們而死，並且紀念他的死，直到他來。

　　弟兄們，我從前對你們說話，不能把你們當作屬靈的，只得把你們當作屬肉體的，在基督裡為嬰孩的。我是用奶餵你們，沒有用飯餵你們。那時你們不能吃，就是如今還是不能。你們仍是屬肉體的，因為在你們中間有嫉妒、分爭，這豈不是屬乎肉體。照著世人的樣子嗎？林前三 1－3。

　　所以，你們既除去一切的惡毒（或作“陰毒”）、詭詐，並假善、嫉妒和一切譭謗的話，就要愛慕那純淨的靈奶，象才生的嬰孩愛慕奶一樣，叫你們因此漸長，以致得救。彼前二 1－2。

　　論到麥基洗德，我們有好些話，並且難以解明，因為你們聽不進去。看你們學習的工夫，本該作師傅，誰知還得有人將神聖言小學的開端另教導你們，並且成了那必須吃奶，不能吃乾糧的人。凡只能吃奶，都不熟練仁義的道理，因為他是嬰孩；惟獨長大成人的，才能吃乾糧，他們的心竅習練得通達，就能分辨好歹了。伯五 11－14。

　　這幾段經文的意思都有一個相同點，就是每個人的屬靈生命不一樣，都要經過嬰孩時期。在嬰孩時期，他的體現也是嬰孩生命，嬰孩生命與屬肉體的生命幾乎沒有任何區別。教會中有不少這樣的信徒，因此，有很多的人看不明白，他們認為，重生的信徒應該有重生的體現。這話講的不錯，但他們忽略了生命的成長過程，哥林多教會就是個例證。

　　弟兄們，我從前對你們說話，不能把你們當作屬靈的，只得把你們當作屬肉體的，在基督裡為嬰孩的。我是用奶喂你們，沒有用飯喂你們。那時你們不能吃，就是如今還是不能。你們仍是屬肉體的，因為在你們中間有嫉妒、分爭，這豈不是心屬乎肉體，照著世人的樣子嗎？林前三 1－3。

　　但是值得我們注意的是，嬰孩生命雖然沒有好行為的體現，卻應該有渴慕靈奶的體現。我們知道，嬰孩什麼都不懂，還需要別人照顧，但他不可能不知道自己餓了？因為生命的成長過程不同，因此，生命的需要也不同。生命在什麼層面，就會產生什麼層面上的需要，這是常識。一個正常的基督徒，他會每日早晚禱告、讀經、唱詩歌、主日聚會。只要有時間，他就會要過屬靈的生活。一定要去聚會，對生命的需要，寫上一處經文作為結束。經上說：

　　又要彼此相顧，激發愛心，勉勵行善。你們不可停止聚會，好象那些停止慣了的人，倒要彼此勸勉，既知道（原文作“看見”）那日子臨近，就更當如此。來十 24－25。

第七篇：生命歸宿。

1：物質生命。

又對亞當說："你既聽從妻子的話，吃了我所吩咐人不可吃的那樹上果子，地必給你的緣故受咒詛；你必終身勞苦，才能從地裡得吃的。地必給你長出荊棘和蒺藜來，你也要吃田間的菜蔬。你必汗流滿面才得糊口，直到你歸了土，因為你是從土而出的；你本是塵土，仍要歸於塵土。"創三 17－19。

你使人歸於塵土，說："你們世人要歸回。"在你看來，千年如已過的昨日，又如期夜間的一更。你叫他們如水沖去；他們如睡一覺。早晨他們如生長的草，早晨發芽生長，晚上割下枯乾。我們因你的怒氣而消滅，因你的忿怒而驚惶。你將我們的罪孽擺在你面前，將我們的隱惡擺在你面光之中。我們經過的日子，都在你震怒之下；我們度盡的年歲，好像一聲歎息。我們一生的年日是七十歲，若是強壯可到八十歲；但其中所矜誇的，不過是勞苦愁煩，轉眼成空，我們便如飛而去。詩九十 3－10。

因為世人遭遇的，獸也遭遇，所遭遇的都是一樣；這個怎樣死，那個也怎樣死，氣息都是一樣。人不能強於獸，都是虛空。都歸一處，都是出於塵土，也都歸於塵土。誰知道人的靈是往上升，獸的魂是下入地呢？傳三 19－21。

這幾段經文記載了的物質生命的歸宿，因為人物質生命組成的材料是塵土，所以，在表面上大多數人死了以後是歸入墳墓。但也有極少數的人，死了以後沒有歸入墳墓。但是這個歸宿是誰都一樣，不管你死在那裡，死的方式可以不同，死的年令也可以不同。但物質生命死後的歸宿卻都是一樣的，這個歸宿就是塵土必歸於塵土。因為，我們出於塵土，必歸於塵土。這是定律，誰也沒有權力改變，更沒有權柄來廢掉這個定律。

往遭喪的家去，強如往宴樂的家去；因為死是眾人的結局，活人也必將這事放在心上。傳七 2。

這裡使我們看到一個普遍的真理，死是眾人的結局。活著的人也知道必死，這件事他們也必放在心上。所以，很多老人都在自己未死以先，將墳墓建好。可悲的是：人們既然知道他們必死，為什麼不問：死了以後去那裡？

按著定命，人人都有一死，死後且有審判。來九 27。

這節經文是人最後歸宿的終極真理，物質生命不是死了歸於塵土就完了？經上記著：

你們不要把這事看作希奇，時候要到，凡在墳墓裡的，都要聽見他的聲音，就出來；行善的復活得生；作惡的復活定罪。約五 28 －29。

中國人的俗語：善有善報，惡有惡報，不是不報，時候未到。天網恢恢，疏而不漏。

2：非物生命。

在舊約聖經記載中，他們的認知是：人死後靈魂要到陰間去。我們舉幾處經文：

雅各便撕裂衣服，腰間圍上麻布，為他兒子悲哀多日。他的兒女都起來安慰他，他卻不肯受安慰，說："我必悲哀著下陰間，到我兒子那裡。" 創三十七 34－35。

這裡是雅各的兒子們將約瑟賣掉，用血衣來欺騙他們的父親，說約瑟被野獸撕裂了，在他為兒子悲哀時所說的話。

雅各說："我的兒子不可同你們一同下去，他哥哥死了，只剩下他，他若在你們所行的路上遭害，那便是你們使我白髮蒼蒼，悲悲慘慘地下陰間去了。" 創四十二 38。

這裡是迦南大遭饑荒，往埃及糴糧。約瑟作埃及的宰相，管理糴糧的下是約瑟。約瑟為了試驗他的弟兄們，所以一定要他們第二次來糴糧時，必須帶便雅憫來。雅各不舍，但沒有辦法的狀況下，所說的話。

凡你手所當作的事，要盡力去作，因為在你必去的陰間，沒有工作，沒有謀算，沒有知識，也沒有智慧。傳九 10。

這是傳道書的智者告訴我們，要珍惜現在手能作的事，不要虛度。手所作的事，都要盡力作好。因為我們知道，很快就要離開世界，往陰間去，在那裡想作事也沒有作了。他強調說，在那裡沒有工作，沒有謀算，沒有知識，也沒有智慧。你的工作、謀算、知識、智慧，如果不趁著現在去作，到那時就派不著用場了。這些經文是人的認知，死後肯定會下陰間。

倘若耶和華創作一件新事，使地開口，把他們和一切屬他們的都吞下去，叫他們活活地墜落陰間，你們就明白這些人是藐視耶和華了。摩西剛說完了這一切的話，他們腳下的地就開了口，把他們和他們的家眷，並一切屬可拉的人丁、財物、都吞下去。這樣，他們和一切屬他們的，都活活地墜落陰間，地口在他們頭上照舊合閉，他們就從會中滅亡。民十六 30－33。

所以你要照你的智慧行，不容他白頭安然下陰間。你當恩待基列人巴西萊的眾子，使他們常與你同席吃飯，因為我躲避你哥哥押沙龍的時候，他們拿食物來迎接我。在你這裡有巴戶琳的便雅憫人，基拉的兒子示每，我往瑪哈念的那日，他用狠毒的言語咒罵我，後來卻下約但河迎接我，我就指著耶和華起誓說：'我必不用刀殺你。' 現在你不要以他為無罪，你是聰明人，必知道怎樣待他，使他白頭見殺，流血下到陰間。王上二 6－9。

等到安息在塵土中，這指望必下到陰間的閉門閂那裡了。伯十七 16。

他們度日諸事亨通，轉眼下入陰間。伯二十一 13。

惡人，就是忘記神的外邦人，都必歸入陰間。詩九 17。

這些經文是指惡人所遭遇的。可拉黨敵擋摩西、亞倫。最後導致活活地墜落陰間。大衛吩咐所羅門殺示每，不讓這些惡人壽終正寢下陰間。

你下到陰間，陰間就因你震動，來迎接你，又因你驚動在世曾為首領的陰魂，並使那曾為列國君王的，都離位站起。他們都要發言對你說：'你也變為軟弱，象我們一樣嗎？你不也成了我們的樣子嗎？你的威勢和琴瑟的聲音，都下到陰間；你下鋪的是蟲，上蓋的是蛆。' 賽十四 9－11。

然而，你必墜落陰間，到坑中極深之處。賽十四 15。

他們必出去觀看那些違背我人的屍首，因為他們的蟲是不死的，他們的火是不滅的。凡有血氣的，都必憎惡他們。賽六十六 24。

這裡是指將來撒但下陰間的過程，可見他的威勢。陰間因他震動，來迎接他。曾為列國的君王都離位站起，用發酸的話對他說。他的結果是，他所有的威勢和琴瑟，都下到陰間，而且所受的待遇是：下鋪的是蟲，上蓋的是蛆。違背神的人與撒但同在一個地方，蟲是不死，火是不滅，這個地方是所有的人所憎惡的。

因此，我的心歡喜，我的靈（原文作 "榮耀" ）快樂，我的肉身也要安然居住。因為你必不將我的靈魂撇在陰間，也不叫你聖者見朽壞。你必將生命的道路指示我。在你面前有滿足的喜樂，在你右手中有永遠的福樂。詩十六 9－11。

大衛指著他說：　'我看見主常在我眼前，他在我右邊，叫我不至於搖動。所以我心裡歡喜，我的靈（原文作 "舌" ）快樂，並且我的肉身要安居在指望中。因你不將我的靈魂撇在陰間，也不叫你的聖者見朽壞。'　徒二 25－27。

大衛既是先知，又曉得神曾向他起誓，要從他後裔中立一位坐在他的寶座上，就預先看明這事，講論基督復活說：　'他的靈魂不撇在陰間；他的肉身也不見朽壞。'　徒二 31。

這裡是大衛因著信，而被神的靈感動所說的話。這話不但是指他將來，神必定不會將他的靈魂撇在陰間。而且是遙指主耶穌，雖然死在十字架上，並且他必須復活。

耶和華使人死，也使人活，使人下陰間，也使人往上升。撒上二 6。

這是指神有主權，不但物質生命的死或活，在他手中；而且他還掌管著，你下陰間，或是從陰間上升。這些權柄，都在全能者的手中。如經上所記：

我一看見，就撲到在他腳前，象死了一樣。他用右手按著我說："不要懼怕。我是首先的，我是末後的，我又是那存活的；我曾死過，現在又活了，直活到永永遠遠；並且拿著死亡和陰間的鑰匙。"啟一 17－18。

因為你向我發的慈愛是大的，你救了我的靈魂，免入極深的陰間。詩八十六 13。

智慧人從生命的道上升，使他遠離在下的陰間。箴十五 24。

不可不管教孩童，你用杖打他，他必不至於死，。你要用杖打他，就可以救他的靈魂免入陰間。箴二十三 13－14。

他必救贖他們脫離陰間，救贖他們脫離死亡。死亡啊！你的災害在那裡呢？陰間哪！你的毀滅在那裡呢？在我眼前決無後悔之事。何十三 14。

這些經文是指神的大愛，他賜給人智慧，認識生命的道，就借生命的道上升。他又用管教的愛，救我們的靈魂。他救贖我們，脫離死亡，脫離陰間。

誰知道人的靈是往上升，獸的魂是下入地呢？傳三 21。

這節經文有人認為：物質生命死後歸於土，靈歸於賜靈的神，也就是說靈歸到神那裡；而魂要下入地，這下入地，就是地底下，也就是陰間。說的好像有理，可是和其他經文有衝突。這樣的經文很多，現僅僅舉一個地方的經文，供同道們參考。

有一個財主，穿著紫色袍和細麻布衣服，天天奢華宴樂。又有一個討飯的，名叫拉撒路，渾身生瘡，被人放在財主門口，要得財主桌子上掉下來的零碎充饑；並且狗來舔他的瘡。後來那討飯的死了，被天使帶去放在亞伯拉罕的懷裡。財主也死了，並且埋葬了。他在陰間受痛苦，舉目遠遠地望見亞伯拉罕，又望見拉撒路在他懷裡，就喊著說：‘我祖亞伯拉罕哪！可憐我吧！打發拉撒路來，用指頭尖蘸點水，涼涼我的舌頭，因為我在這火焰裡，極其痛苦。’亞伯拉罕說：‘兒啊，你該回想你生前享過福，拉撒路也受過苦，如今他在這裡得安慰，你倒受痛苦。不但這樣，並且在你我之間，有深淵限定，以致人要從這邊過到你們那邊是不可能的；要從那邊過到我們這邊也是不可能的。’路十六 19－26。

這段經文有人認為：生前在世作財主的人，將來要下陰間火焰裡；生前作拉撒路的，死後在亞伯拉罕懷裡。這樣的認識是不全面的，和其他經文衝突的太多。我們知道，挪亞是大富翁，窮人能造方舟嗎？亞伯拉罕也是大富翁，他家裡的壯丁三百一十八人。試想，他的家業何其大？大衛、所羅門等等。

　　這段經文的涵義是什麼？怎樣解釋？我們來探討一下：財主與拉撒路同是亞伯拉罕的後裔，為什麼結局不一樣呢？我們在經文中沒有看到拉撒路的虔誠，或者財主對拉撒路有可惡的行為。只簡單地提到，財主穿著紫色袍和細麻布衣服，天天奢華宴樂。這應該是正常的，難道說：要財主和拉撒路一樣生活？拉撒路被人抬來，放在財主門口，得財主桌子上掉下的零碎充饑；並且狗來舔他的瘡。這件事我們看起來應該很正常，財主不趕你走，已經是不錯的了，你拉撒路還想幹什麼？如果站在我們中國人的文化來理解的話，財主不但一點沒有錯，而且還是不錯的。那我們知道，這是主耶穌給猶太人講的比喻，當然是以猶太人的文化來說的。眾所周知，猶太人是非常看顧他們的同胞，在聖經上可以看到，猶太人行路時，找不到住宿的地方，你只要在猶太人聚居的街市上等候，就會有人來請你到他家去住宿。明白了猶太人的文化以後，我們就可以知道，財主已經失去了猶太人應該具備看顧本族人的愛心。也就是已經違背了律法，律法的總綱是：愛神與愛人。財主違背了律法，就是違背了神，所以他死後去陰間火焰裡。拉撒路受苦，但我們沒有看到拉撒路發怨言，正如經上說：

　　因我所遭遇的是出於你，我就默然不語。詩三十九 9。

　　這就是教導我們，在世上主耶穌祝福你，使你的家如財主，你當看顧你那窮苦的弟兄。如果主耶穌使我們過貧窮的生活，當象拉撒路一樣，默默地生活，不要怨天憂人。

　　我又看見一個白色的大寶座與坐在上面的；從他面前天地都逃避，再無可見之處了。我又看見死了的人，無論大小，都站在寶座前。案卷展開了，並且另有一卷展開，就是生命冊。死了的人都憑著這些案卷所記載的，照他們所行的受審判。於是海交出其中的死人；死亡和陰間也交出其中的死人；他們都照各人所行的受審判。死亡和陰間也被扔在火湖裡；這火湖是第二次的死。若有人名字沒有記在生命冊上，他就被扔在火湖裡。啟二十 11－15。

　　這是將來的最後結局，不信耶穌的人都要進入火湖裡。他們不但受到肉身的死亡，還要再死一次。這一次的死，肉身復活以後，靈魂和身體重新合一，物質生命也轉化為非物質生命，經過了大審判。然後，把他們扔在火湖裡，這火湖是第二次的死。第二次的死不是沒有知覺了，乃是受痛苦，直到永遠。這是不信耶穌者的結局，受到永遠刑罰。

　　在以上的經文中，我們是否看到？人死後，靈魂要先經過陰間，在那裡等候，然後才能進入終極，火湖。也就是說，第二次的死，稱為永死。

　　3：屬靈生命。塵土仍歸於地，靈仍於賜靈的神。傳十二 7。這節經文有人認為，物質生命歸於塵土，靈歸於神。這個靈是指靈魂，或是單指靈。三元論者也可以用這節經文，認為靈與魂是分開的。但筆者認為：這裡的 "靈" 不是指靈魂或是人的靈。為什麼這樣說呢？我們知道，神造人不是單單造人的物質生命，也造了人的靈。經上記著：

　　耶和華論以色列的默示。鋪張穹蒼，建立地基，造人裡面之靈的耶和華說：亞十二 1。

　　根據經文記載，人的靈是神造的，不是賜的。"造" 和 "賜" 肯定是不一樣的，既然不一樣，那這個賜的 "靈是指什麼呢？" 我們來看聖經：

　　我要求父，父就另外賜給你們一位保惠師（或作 "訓慰師" 下同），叫他永遠與你們同在，就是真理的聖靈，乃世人不能接受的；因為不見他，也不認識他；你們卻認識他，因他常與你們同在，也要在你們裡面。約十四 16－17。

　　這樣，我們對傳十二 7 的解釋，塵土仍歸於地。這句話為什麼這樣記呢？為什麼不說塵土必歸於土呢？歸於土和歸於地，不是一樣的解釋，對嗎？這節經文的正意解釋，應該是指：世人死後歸入陰間，因為他們是屬地的，所以說歸於地。那神所賜的靈是屬天的，所以也就歸於神。因此，這個 "靈" 是指屬靈生命。

　　我實實在在地告訴你們，那聽我話，又信差我來者的，就有永生，不至於定罪，是已經出死入生了。我實實在在地告訴你們，時候將到，現在就是了，死人要聽見神兒子的聲音，聽見的人就要活了。因為父怎樣在自己有生命，就賜給他兒子也照樣在自己有生命，並且因為他是人子，就賜給他行審判的權柄。你們不要把這事看作希奇，時候要到，凡在墳墓裡的，都要聽見他的聲音，就出來；行善的復活得生；作惡的復活定罪。約五 24－29。

　　我的羊聽我的聲音，我也認識他們，他們也跟著我。我又賜給他們永生；他們永不滅亡，誰也不能從我手中把他們奪去。我父把羊賜給我，他比萬有都大，誰也不能從我手裡把他們奪去。約十 27－29。

　　你們心裡不要憂愁；你們信神，也當信我。在我父的家裡有許多住處；若是沒有，我早就告訴你們了。我去原是為你們預備地方去。我若去為你們預備了地方，就必再來接你們到我那裡去；我在那裡，叫你們也在那裡。我往那裡去，你們知道；那條路，你們也知道（有古卷作“我往哪裡去，你們知道那條路。”）。多馬對他說：“主啊，我們不知道你往哪裡去，怎麼知道那條路呢？”耶穌說：“我就是道路、真理、生命；若不借著我，沒有人能到父那裡去。”約十四 1－6。

　　這幾段經文告訴我們，信他的人就有永生；這個永生不是指永遠活著。我們知道，人的靈魂是不死，不但靈魂不死，將來這個物質生命，也要死裡復活，復活後就永遠不會死。經文中記載的第二次的死，也就是永死。這個永死，是指永遠受苦。因此，我們知道，不信者與撒但在一起，與撒但一樣，永遠受苦。但我們信他的人，這個永生是指，我們與神同在，與神一起，就是永遠的快樂，或者永遠的享受。耶穌基督預備好地方，就會來接我們。

　　我在他們裡面，你在我裡面，使他們完完全全地合而為一，叫世人知道你差了我來，也知道你愛他們如同愛我一樣。父啊，我在哪裡，願你所賜給我的人也同我在哪裡。叫他們看見你所賜給我的榮耀；因為創立世界以前，你已經愛我了。約十七 23－24。

　　我又看見一個新天新地，因為先前的天地已經過去了，海也不再有了。我又看見聖城耶路撒冷由神那裡從天而降，預備好了，就如新婦裝飾整齊，等候丈夫。我聽見有大聲音從寶座出來說：“看哪！神的帳幕在人間。他要與人同住，他們要作他的子民；神要親自與他們同在，作他們的神。神要擦去他們一切的眼淚；不再有死亡，也不再有悲哀、哭號、疼痛，因為以前的事都過去了。”坐寶座的說：“看哪！我將一切都更新了。”又說：“你要寫上，因這些話是可信的，是真實的。”他又對我說：“都成了。我是阿拉法，我是俄梅戛；我是初，我是終。我要將生命泉的水白白賜給那口渴的人喝。得勝的，必承受這些為業；我要作他的神，他要作我的兒子。”啟二十一 1－7。

天使又指示我在城內街道當中一道生命水的河，明亮如水晶，從神和羔羊的寶座流出來。在河這邊與那邊有生命樹，結十二樣果子（“樣”或作“回”），每月都結果子；樹上的葉子乃為醫治萬民。以後再沒有咒詛。在城裡有神和羔羊的寶座；他的僕人都要事奉他，也要見他的面。他的名字必寫在他們的額上。不再有黑夜。他們也不用燈光、日光，因為主神要光照他們；他們要作王，直到永永遠遠。天使又對我說：“這些話是真實可信的。主就是眾先知被感之靈的神，差遣他的使者，將那必要快成的事指示他僕人。”“看哪！我必快來。凡遵守這書上預言的有福了。”啟二十二 1－7。

這些經文告訴我們，重生的基督徒，他們的屬靈生命作見證，約壹五 6－8。這個屬靈生命“聖靈”帶他們去得將來的產業。

你們既聽見真理的道，就是那叫你們得救的福音，也信了基督，既然信他，就受了所應許的聖靈為印記。這聖靈是我們得基業的憑據（原文作“質”），直等到神之民（“民”原文作“產業”）被贖，使他的榮耀得著稱讚。弗一 13－14。

結論

　　綜上所述，使我們清楚了人生命的起源。只有明白了生命起源，然後，順著生命類別的脈絡，才能對生命的組成、生命的傳遞、生命的體現、生命的需要、生命的歸宿，清楚地認知。對生命有個清楚的認知，才能傳揚生命之道。在書中和大家提及的，系統神學課程、改革宗新譯本、恢復版，他們對人生命的認知，不要說是完全的錯誤，但起碼是說不清道不明。他們這些了不起的宗派，為什麼也講不清生命？關鍵是他們混淆了生命起源。生命起源不清晰，當然也不明白生命的類別。沒有生命類別的脈絡，接下去是抱著石頭過河。自己都是抱著石頭過河，還能講生命之道嗎？正如中國俗語所說：差之毫釐，謬之千里。這裡講的差之毫釐，是指事情的起源。在事情的起源上，差之毫釐，在事情的發展上，就會謬之千里。既然這些宗派在生命的起源上混淆了，接下去生命之道會正確嗎？請同道們三思！

　　生命起源的混淆，導致了無法闡述生命之道。我們知道，我們只有一位父，也只有一位主，就是主耶穌基督，同飲於一位聖靈。應該我們在主耶穌的生命之道上是合一的，結果不是合一，究其原因，是各說各的。大家都在起源上混淆了，開始都是差之毫釐。如果都停留在差之毫釐上，還可以求大同存小異。恰恰事情是發展的，不是停留，更不會時光倒流。

　　隨著時代的腳步，各門各派也不斷地發展壯大，為了捍衛本門本派的認知和立場，生命之道認知的分歧也就越來越大。最終是各說各的，謬論也就越來越謬。如召會認為人是神類，通過耶穌基督的救贖，耶穌復活的靈進入人的靈裡，進行複合、調和；達到神生機救恩的八步，就可以神成為人，人稱為神。改革宗則認為人是人類，我們傳揚福音是文化使命。在這裡筆者將他們的認知闡述一下，不想對他們的是非作定論。筆者也沒有這個資格與權力，只想給改革宗、召會的弟兄姐妹提醒一下，請他們三思！我們的信仰是為了靈魂得救，不是為了某個宗派，也不是經濟目的，更不是政治目的。眾所周知，宗派、經濟、政治都不能拯救我們的靈魂！宗派、經濟、政治都不能使我們合一！惟有主耶穌的生命之道才能使教會合一。

因此，筆者奉勸所有追求生命之道的同道同工們，求主耶穌將那智慧和啟示的靈賞給你們，使我們真知道他。因為他是道路、真理、生命，他是我們的生命。

對本書有不同理解的同道同工們，可隨時與筆者聯絡，將不同的理解回饋過來，我們共同探討。因為這條路我們從來沒有走過，希望同道同工們以主耶穌的愛包容和扶持，彼此相愛，互相攙扶，同走生命之路。

作者簡介

　　芮賢海，中國傳道人，現居美國，洛杉磯溫州教會牧師。一九五三年出生于溫州市蒲岐鎮，一九七四年開始傳道，足跡踏遍中國的大江南北。二〇〇九年出版了《神揀選的是誰》、二〇一六年出版《基督徒與律法》。

生命 LIFE

作　　者/芮賢海（Xianhai Rui）

出版者/美商 EHGBooks 微出版公司

發行者/美商漢世紀數位文化公司

臺灣學人出版網：http://www.TaiwanFellowship.org

地　　址/106 臺北市大安區敦化南路 2 段 1 號 4 樓

電　　話/02-2701-6088 轉 616-617

印　　刷/漢世紀古騰堡®數位出版 POD 雲端科技

出版日期/2019 年 2 月

總經銷/Amazon.com

臺灣銷售網/三民網路書店：http://www.sanmin.com.tw

　三民書局復北店

　地址/104 臺北市復興北路 386 號

　電話/02-2500-6600

　三民書局重南店

　地址/100 臺北市重慶南路一段 61 號

　電話/02-2361-7511

全省金石網路書店：http://www.kingstone.com.tw

定　　價/新臺幣 360 元（美金 12 元 / 人民幣 80 元）

www.ingramcontent.com/pod-product-compliance
Lightning Source LLC
Chambersburg PA
CBHW022209050726
47590CB00002B/719